让生命之花绽放

——生命安全与健康

主　编　彭凌龄
副主编　朱　雷　李　军

中国言实出版社

图书在版编目（CIP）数据

让生命之花绽放：生命安全与健康 / 彭凌龄主编
. — 北京：中国言实出版社，2022.9
ISBN 978-7-5171-4293-5

Ⅰ.①让… Ⅱ.①彭… Ⅲ.①安全教育—青少年读物
②健康教育—青少年读物 Ⅳ.①X956-49 ②G479-49

中国版本图书馆CIP数据核字(2022)第167833号

让生命之花绽放——生命安全与健康

责任编辑：王蕙子
责任校对：邱　耿

出版发行：中国言实出版社
地 址：北京市朝阳区北苑路180号加利大厦5号楼105室
邮 编：100101
编辑部：北京市海淀区花园路6号院B座6层
邮 编：100088
电 话：010-64924853（总编室） 010-64924716（发行部）
网 址：www.zgyscbs.cn 电子邮箱：zgyscbs@263.net

经　　销：新华书店
印　　刷：涞水建良印刷有限公司
版　　次：2022年12月第1版 2022年12月第1次印刷
规　　格：787毫米×1092毫米 1/16 11.5印张
字　　数：250千字

定　　价：39.90元
书　　号：ISBN 978-7-5171-4293-5

前言

生命安全与健康是人类生存、发展的基本需求和永恒追求。生命权、身体权和健康权是每一位公民的基本权利。良好的生命安全与健康教育有助于学生树立正确的生命观、健康观、安全观，养成健康文明的行为习惯和生活方式，并自觉保持健康行为，为终身健康奠定坚实基础。

在学校开展生命安全与健康教育，是贯彻习近平总书记关于教育、卫生与健康重要论述的抓手，是实现生命安全与健康教育系列化、常态化、长效化的重要举措，对培养德智体美劳全面发展的社会主义建设者和接班人具有重要意义。为了显著提升学校培养学生适应社会能力、养成健康行为等方面的成效，增强教师对生命安全与健康教育工作的责任感和使命感，增强学生“生命至上、健康第一”的意识，特编写本书。本书编者依据《生命安全与健康教育进中小学课程教材指南》，针对青少年特点，本着“适用、实用”的原则，通过查阅并参考大量生命安全与健康教育的相关资料编写而成。

本书全面系统地介绍了青少年生命安全与健康教育五个领域的相关内容，共分为五章，包括健康生活、青春期健康教育、心理健康教育、传染病预防与突发公共卫生事件应对、安全应急与避险。本书的编写体现了以下特点。

（1）体系完整，结构合理。本书内容编写循序渐进，符合学生认知规律，有助于提高学生的学习兴趣。

（2）理论知识与实际案例相结合。本书附有“知识链接”“案例分享”“课后拓展”等内容模块，信息量丰富，可读性和实践性较强。

（3）穿插思政内容。本书以“知识小课堂”的形式，将思政教育和生命安全与健康教育知识相关联，让思政教育做到“润物细无声”。

（4）本书内容深度适宜，语言通俗易懂，图文并茂，适用性和实用性较强。

本书特色突出，紧贴生活实际，既可作为学校生命安全与健康教育用书，也可作为青少年日常生活用书。

本书在编写过程中参考了一些专家学者有关青少年健康与安全的书籍和资料，在此表示衷心的感谢。由于时间仓促，书中如有不足之处，敬请读者批评指正。

编者

2022 年 6 月

目录

第一章

健康生活

名人名言

一个人的身体，决不是个人的，要把它看作是社会的宝贵财富。凡是有志为社会出力，为国家成大事的青年，一定要十分珍视自己的身体健康。

——徐特立

人的健全，不但靠饮食，尤靠运动。

——蔡元培

第一节　认识健康

案例导入

15岁男孩竟得脂肪肝

15岁的小朱（化名）虽然身材偏胖，但是他一直认为自己的身体很健康，因为从小他就很少生病。中考结束后的暑假，由于没有了课业负担，他每天不到午饭时间都不起床。起床后，也是在电脑桌前不玩到凌晨不罢休。期间，他饿了就大吃一顿，太晚了就上网点外卖。

到了快开学的时候，父母见他长胖了很多，而且每天都无精打采，就带他到医院去检查。令人没想到的是，检查报告显示，小朱得了中度脂肪肝。

请思考：

1.作为学生，你觉得自己的身体健康吗？

2.你认为，影响健康的因素有哪些？

常见的健康概念是“无病、无伤和无残疾”，其实，“没有疾病”并不能准确地反映健康的全部内涵。

一、健康标准

21世纪初，世界卫生组织（World Health Organization，WHO）提出了健康的如下10条标准。

（1）有充沛的精力，能从容不迫地应付日常生活和工作压力而不感到过分紧张。

（2）处事乐观，态度积极，乐于承担责任，事无大小，不挑剔。

（3）善于休息，睡眠良好。

（4）应变能力强，能适应外界环境的各种变化。

（5）能抵抗一般性的感冒和传染病。

（6）体重适当，身体匀称，站立时头、肩、臂的位置协调。

（7）反应敏锐，眼睛明亮，双耳聪敏。

（8）头发有光泽，无头屑。

（9）牙齿清洁无龋齿、无痛感、无出血现象，齿龈颜色正常。

（10）肌肉和皮肤富有弹性，腰腿灵活，行走轻松自如。

二、影响健康的主要因素

（一）先天因素

人们是否能够达到健康目标，在一定程度上取决于先天因素，也就是遗传控制因素。遗传是决定或限制健康状态表现的直接因素，人类的健康或不健康就是由各自的遗传潜力决定的。

（二）后天因素

1.外部环境因素

外部环境因素不可忽视。如果人体长时间暴露在污染的空气、水质和土壤等环境中，许多致病微生物（病毒、细菌等）可直接侵入人的机体，引发各种疾病。无污染的优美和谐的自然环境，能够让人神清气爽、精神振奋、生机勃勃、呼吸平稳畅通、内分泌协调，对人的生理和心理活动起着重要的作用。

2.生活方式因素

合理的生活方式是指一个人根据自己的性别、年龄等特点，每天进行有规律的学习、工作、饮食、睡眠，以及参加各种课余活动和体育锻炼。遵循合理的生活方式对保持健康、增强体质、提高学习和工作效率具有重要意义。

3.饮食因素

营养健康的饮食是保证人类正常生长发育、保持健康与增强体质的重要因素（图1-1）。合理的营养能促进人的生长发育、增进健康、预防疾病、提高工作能力和效率。

图1-1 健康饮食

第二节 个人卫生防护

案例导入

调查显示仅三成学生能够做到“七步洗手法”

2020年，某市疾控中心健康教育所采用整群抽样的方法，抽取城、乡学校各两所，对1302名学生进行了手卫生知识调查。

调查结果显示，9道手卫生知识题，1302名学生中能全部答对者仅占1.69%，知道“一只手上沾附大约多少细菌”的学生仅有6.8%。不过，有88.5%的学生知道预防经手传播疾病发生最简单、最有效、最方便、最经济的方法就是洗手。回答正确率最高的题目是“学生留长指甲不利于手的卫生”，有90%以上的被调查学生回答正确。

在手卫生行为调查中，仅有30.1%的被调查学生能做到“七步洗手法”,69.4%的学生外出回家后会马上洗手，回家后从不洗手的有1.6 %。关于洗手，很多学生都知道要用流动水，但要真正保证手卫生的话，使用香皂或洗手液是必要的，可从这次调查来看，用流动水加香皂或洗手液洗手的学生只占68.3%。通过此次调查还发现，男生洗手的频率较女生低。

请思考：

1.“七步洗手法”的具体内容是什么？

2.你是否能做到“七步洗手法”？

个人卫生防护包括日常卫生防护、饮食卫生防护、睡眠卫生防护和运动卫生防护。

一、日常卫生防护

（一）日常卫生防护概述

日常卫生防护主要包括以下几方面。

（1）经常保持双手的清洁，手指甲要经常修剪，保持适当长度；采用正确的洗手方法。

（2）头发梳理整齐，并经常清洗和定期理剪。

（3）不用公共毛巾、洗脸盆。

（4）用餐及吃甜食后应刷牙、漱口，保持口腔的卫生。

（5）养成每天洗澡和更换内衣裤的习惯。

（6）咳嗽、打喷嚏时，要用手帕掩住口鼻。

（7）吐痰时应吐在卫生纸上，并包好丢入垃圾桶。

（8）不随意丢纸屑和果皮等废弃物。

（9）不吸烟、不饮酒。

（二）正确的洗手方法

1.应该洗手的情形

（1）在接触眼、鼻及口前。

（2）进食及处理食物前。

（3）如厕后。

（4）当手被呼吸道分泌物染污时，如打喷嚏及咳嗽后。

（5）触摸过公共设施，如电梯扶手、升降机按钮或门柄后。

（6）为幼童或患者更换尿片后，或处理被染污的物件后。

（7）探访医院及饲养场前后；接触动物或家禽后。

2.七步洗手法

七步洗手法的口诀：内、外、夹、弓、大、立、腕（图1－2）。

第一步（内）：洗手掌。流水湿润双手，涂抹洗手液（或肥皂），掌心相对，手指并拢相互揉搓。

第二步（外）：洗背侧。指缝手心对手背沿指缝相互揉搓，双手交换进行。

第三步（夹）：洗掌侧。指缝掌心相对，双手交叉沿指缝相互揉搓。

第四步（弓）：洗指背。弯曲各手指关节，半握拳把指背放在另一手掌心旋转揉搓，双手交换进行。

第五步（大）：洗拇指。一手握另一手大拇指旋转揉搓，双手交换进行。

第六步（立）：洗指尖。弯曲各手指关节，把指尖合拢在另一手掌心旋转揉搓，双手交换进行。

第七步（腕）：洗手腕、手臂。揉搓手腕、手臂，双手交换进行。

最后，用清洁毛巾或纸巾擦干双手，也可用吹干机吹干。

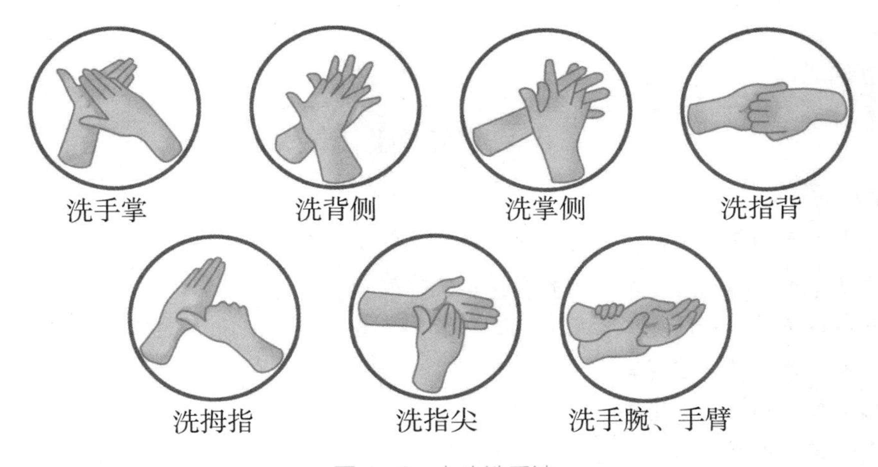

图1－2　七步洗手法

二、饮食卫生防护

在日常生活中，人们常有一些不卫生的饮食习惯和行为，但很多人对此尚未重视，这对身体健康十分不利。“病从口入”这句话讲的就是这个道理。因此，要注意以下几个方面。

（1）养成吃东西之前洗手的习惯。人的双手每天会接触到各种各样的东西，容易沾染病菌、病毒和寄生虫卵。因此，吃东西前认真用香皂或者洗手液洗净双手，才能减少“病从口入”的可能性。

（2）生吃瓜果要洗净。瓜果蔬菜在生长过程中不仅会沾染病菌、病毒、寄生虫卵，还有残留的农药等，如果不清洗干净，不仅可能会患上疾病，还可能造成农药中毒。

（3）不随便吃野菜、野果。野菜、野果的种类很多，有的含有对人体有害的毒素。缺乏经验的人很难辨别清楚，因此，只有不随便吃野菜、野果，才能避免中毒，确保安全。

（4）不吃腐烂变质的食物。食物腐烂变质时，味道会变酸、变苦，并且散发出异味，这是由于有害细菌大量繁殖引起的。吃了腐烂变质的食物会造成食物中毒。

（5）不随意购买、食用街头小摊贩出售的劣质食品、饮料。这些劣质食品、饮料往往卫生和质量不合格，食用或饮用它们都会危害人们的身体健康。

（6）不喝生水。水是否干净，仅凭肉眼很难分清，清澈透明的水也可能含有病菌、病毒，因此喝开水最安全。

案例分享

有毒的辣条

2021 年 4 月，某县初一学生李某，早晨上学时在路边的小摊贩那里买了辣条和一些食品。李某边赶路边吃辣条。到学校上课半个多小时后，李某突然肚子疼痛，嘴唇发紫，浑身颤抖，呼吸困难。到医院经及时抢救方脱离危险。经调查检验，李某吃的辣条已变质，并含有大量的病菌，是没有生产厂家和出厂日期、保质期的不安全食品。

知识链接

饮水与健康

1.安全饮用水

从饮水与健康的角度来讲，良好的饮用水应该符合以下几点要求。

（1）干净，不含致病菌、重金属和有害化学物质。

（2）含有适量的矿物质和微量元素。

（3）含有新鲜适量的溶解氧。

（4）偏碱性，水的分子团要小，活性要强。

（5）大量饮用冷饮，会使肠道血流减少，胃酸减少，杀菌能力降低。建议饮用温开水。

2.饮水的最佳时间

（1）早晨起床后饮水，补充夜间的水消耗。

（2）上午 10 时左右饮水，可补充流汗及尿液排出的水分。

（3）下午 3 时左右饮水，再度补充体内排出的水分，也使体内囤积的废物顺利排出。

（4）晚上 8 时左右是睡前饮水的最佳时间，因为睡眠时，血液浓度增高，睡前饮水可以冲淡血液，加速血液循环。

三、睡眠卫生防护

（1）创造良好的睡眠环境。卧室要做到没有声音，没有光照，空气清新，温度合适；床铺软硬适宜，被褥清洁且大小厚度合适。

（2）养成按时睡觉和按时起床的习惯。

（3）采用正确的睡姿。睡眠时，最好采取右侧卧睡姿，上臂自由放置，两腿自然弯曲，脊柱前屈，这样能使全身肌肉放松，且不压迫心脏，保证血液循环良好，易于消除疲劳。

（4）不蒙头睡觉。蒙头睡觉会使被子里的氧气逐渐减少，二氧化碳不断增多，从而使人感到胸闷、气短。

四、运动卫生防护

运动是促进身体健康、预防疾病的积极方法。在运动时要注意卫生与安全。

（1）运动时，穿的衣鞋要轻、软、合身。

（2）运动前，要做好准备运动；运动场地要求平坦、无碎石。

（3）运动结束后，要休息一会儿再喝水或吃东西。

（4）运动后，要及时把汗擦干，并立即穿上衣服，以防感冒。

（5）饭前半小时和饭后一小时不做剧烈活动。

（6）运动时，要根据自己的年龄、体力等来选择运动项目，要适可而止，不要过度疲劳。

（7）不要在被污染的环境中进行锻炼。

第三节　健康生活常识

案例导入

视网膜脱落症找上中学生

中学生杨某从小就痴迷于动漫，小学时就戴上了近视眼镜。放假期间，由于父母白天上班，杨某便在家中打开电视肆意看起了动画片，竟然不眠不休地看了一整天。疲惫的杨某在关闭电视时，忽然觉得眼睛很痛，视物模糊，看东西有闪光的感觉。父母下班后连忙带他去医院就诊。经过诊断，杨某患上的是视网膜脱落症，需要住院治疗。

请思考：

1.你在长时间看电视、电脑或者手机后，眼睛有怎样的感觉？

2.哪些日常生活中的习惯对眼睛有害？应该怎样保护眼睛？

3.除了保护眼睛外，对于保护耳、鼻、口腔及形体的健康，你有哪些好方法？

青少年的身体正处于成长阶段，免疫力不及成人完善，日常生活的节奏也与成人不同。下面根据青少年的身体和生活的特点，主要介绍眼、耳、鼻、口腔、形体方面的健康常识。

一、用眼健康常识

（一）光线需充足，反光要避免

舒适的光线可以使人得到良好的视觉信息，而光线过强或过暗都会给眼睛带来不良的影响。因此，平时看书的书桌应有边灯装置，其目的在于减少反光，以降低对眼睛的伤害。

（二）连续用眼时间不宜过长

青少年有时看书、写字、看电视、用电脑、看手机，几个小时不休息，这样不仅影响身体健康，使眼睛负担过重，容易引起调节性（或称功能性）近视，即假性近视，而且还会使眼外肌对眼球壁的巩膜组织产生压力，导致眼内压增高，眼内组织充血。因此，青少年用眼时，应每隔 50 分钟休息片刻为宜。

（三）坐姿要端正，距离适中

青少年不要弯腰驼背，或趴在桌上看书，更不能躺在床上、侧着身看书。眼与书本的距离应保持 33 ～ 35 厘米，身体与课桌保持大约 10 厘米的距离，书本与课桌的角度要保持在 30° ～ 45°。如果书本水平放在桌面上，看书时就要向前稍低头，这样就容易把书本移近眼睛，加重眼睛负担，长期下去就会导致视力下降。此外还会引起颈部肌肉和颈背的疲劳，影响青少年形体的健康。

（四）少看电视，少用电脑、手机等电子设备

学生应尽量减少与对人眼产生辐射的电视、电脑、游戏机等电子设备的接触时间。因为显像管辐射出的射线可大量消耗视网膜中的视紫质，导致视力减退。据研究，经常用电脑、手机打游戏更易损坏学生的视力，而且从儿童时期就导致的低视力，会使有些人长大后即使是佩戴眼镜，也无法矫正视力，原因就在于他们的视网膜和黄斑部的功能受到了损害。

（五）睡眠要充足，注意用眼卫生

睡眠不足会导致眼睛结膜充血、分泌物增多、畏光流泪、眼睛酸痛等结膜、角膜炎症。此外，应尽量避免风沙、烟尘、紫外线、红外线、化学物品、医药用品等对眼睛的伤害。个人卫生要保持清洁，毛巾、脸盆、手帕等个人物品，要专人专用，尽量不用他人物品，以避免造成交叉感染，引起眼部疾病，导致视力下降。

（六）在行车或走路时不能看书、玩手机

有些青少年喜欢在走路时或者行驶的车厢里看书、玩手机，这样对眼睛很不利，因为身体、车厢一直在摇晃，眼睛与书本之间的距离无法固定，再加上照明条件不好，更加重了眼睛的负担，经常如此就有可能引起近视。

知识链接

近视的原理

近视主要指将无限远处的点光源放射出的光线认为是平行光线，平行光线通过眼睛的屈光系统聚焦，形成焦点落在视网膜前，与视网膜存在距离。如果点光源靠近眼睛，发出的光线是发散光线，经过屈光系统时焦距或者焦点远移，可以聚焦到视网膜上，形成清晰的像。也就是说，远处光线、物体不能在近视眼中形成焦点，聚焦到视网膜，而是聚焦到视网膜前，在视网膜上呈现模糊像，看不清楚。而当光线靠近眼睛时，物象则能聚焦到视网膜上，形成视网膜的

正常焦点，可以看得清楚。

近视眼的矫治需要先通过配戴凹透镜，使平行光线可以发散，发散后再聚焦，使焦距或者焦点远移。通过戴合适度数的屈光凹透镜，把物体的光线发散后，焦点可以后移到视网膜上形成清晰像。

二、用耳健康常识

世界卫生组织数据显示，2021 年全球约有 11 亿年轻人正面临无法逆转的听力损失风险，要保护好听力，需要注意以下几方面。

（一）洗澡、游泳时注意防水

皮肤和鼓膜在水中浸泡，再加上耵聍（耳屎）的刺激，容易引起外耳道炎。如果感觉耳道里进水，应立即侧耳单脚跳，让水流出来；洗澡后，可用纸巾在耳孔外擦拭。

（二）戒除勤掏耳朵的习惯

耵聍是一种外耳道分泌的淡黄色粘稠液体，人们在吃饭、说话时可以自行排出。掏耳不慎可引起耳道和鼓膜的损伤，有时还会并发感染，使听力下降。

（三）远离噪声及持续高强音现场

长时间接触大于 85 分贝的各种噪声，会导致内耳氧自由基增多，过多的氧自由基会使内耳血管收缩，耳毛细胞得到的营养减少，进而使耳毛细胞死亡（耳毛细胞不可再生），最终导致听力下降。部分常见声音的音量见表 1-1。

表 1-1 部分常见声音的音量

声音来源	音量/分贝	声音来源	音量/分贝
时钟滴答声	35	大声说话	60 ～ 80
轻声细语	30 ～ 40	骑摩托车	⩾ 80
冰箱	45	汽车喇叭	⩾ 90
图书馆环境	45 ～ 50	吸尘器	95
正常说话	50 ～ 60	KTV	⩾ 110

（四）避免长时间佩戴耳机

使用耳机时，音量不可超过最大音量的 60%，且不要超过 1 小时。避免佩戴入耳式耳机，尽量选择头戴式耳机。

（五）远离耳毒性药物

耳毒性药物是指有可能造成内耳结构性损伤的药物，如链霉素、庆大霉素、卡那霉素等。这种损伤将会导致暂时或永久的听力损失，同时，也会对已存的感音性听力缺失造成更大的伤害。

三、鼻部健康常识

（一）正确清洗鼻腔的方法

1.湿擦法

湿擦法非常简单，就是用小棉签蘸上温水或者干净的冷水，在鼻腔中轻轻地转动，鼻腔中的脏东西就会粘附在棉签上，多用几个棉签反复地进行擦洗，效果会更好。此外，也可以用干净的小毛巾蘸水擦洗鼻腔，效果是一样的。

2.鼻浴法

在手掌中放上一些淡盐水或者干净的冷水，先把鼻尖和鼻孔完全浸入到水中，然后用嘴深呼吸，并且屏住呼吸几秒钟，再呼气，就可以对鼻腔进行冲洗，这样能让鼻腔变得更加干净。

3.吸入蒸汽法

用热毛巾覆盖住鼻子，吸入热的蒸汽，也可以在杯子中倒入开水，把鼻孔放在杯口，呼吸冒出的热蒸汽，每次进行 5 ～ 10 分钟左右，也可以起到清洗鼻腔的作用。

4.盐水洗鼻法

把生理盐水吊高，连上输液器，去掉针头，把针管口伸到鼻腔中对鼻子进行冲洗，也可以让鼻腔变得更干净。

（二）冲洗鼻腔的好处

1.清除鼻腔中的污染物

可以根据环境的污染程度和自己鼻部的健康情况，选择每天冲洗鼻腔 1 ～ 3 次或者隔一天冲洗一次等，冲洗鼻腔能有效地清除鼻腔中的污染物和细菌，让呼吸系统变得更健康。

2.防治鼻窦炎和鼻炎

坚持对鼻腔进行正确的冲洗，可以很好地防止鼻窦炎、鼻炎等疾病，缓解因为鼻炎、鼻窦炎引起的头痛症状。

3.防治感冒

坚持对鼻腔进行正确的冲洗，对感冒和感冒后遗症也有很好的防治作用。

（三）青少年鼻部常见问题

青少年鼻部容易出现的问题主要是鼻炎和鼻出血。

1.鼻炎

鼻炎是由病毒、细菌、过敏原（如花粉）、各种理化因子（如刺激性气体）以及某些全身性疾病引起的鼻腔黏膜炎症，主要表现为鼻塞、鼻痒、流鼻涕、打喷嚏等症状。鼻炎类型很多，最常见的是过敏性鼻炎。得了鼻炎，除了去医院的耳鼻喉科或者变态反应科就诊外，在日常生活中也可以通过以下几方面加以改善。

（1）日常生活中的饮食尽量保持清淡一点，少吃辛辣刺激的食物，多吃一些蔬菜水果，特别是含有乳酸菌的食物，可以帮助缓解鼻炎的症状。

（2）早晚可以选择冷水洗脸，以提高机体的免疫力，提升对温差的适应能力，还能够增强鼻黏膜的抗病能力，加快整体血液循环，从而减少鼻炎的发生。

（3）平时可以在鼻子周围进行按摩，用手指肚按摩鼻翼两侧的迎香穴，能够有效地缓解鼻炎带来的不适感，还能够减少鼻炎的发病。

（4）适当参加体育锻炼，如慢跑，每天坚持20分钟，既能够促进身体代谢，又能够缓解鼻炎症状，还能够增强免疫力，减少感冒的发生，不会让鼻炎重上加重。

（5）无论在室内、室外，都要远离粉尘多的地方。空气不好的情况下，出行要佩戴口罩，回家后用盐水清洗鼻腔。

2.鼻出血

如果遇到鼻出血，切忌仰头（图1-3）。正确处理方法是用食指和拇指按压双侧鼻翼，暂时先用嘴呼吸或是用纱布、脱脂棉堵住出血侧鼻孔，同时冰敷前额。如果仍出血不止，应尽快就医。

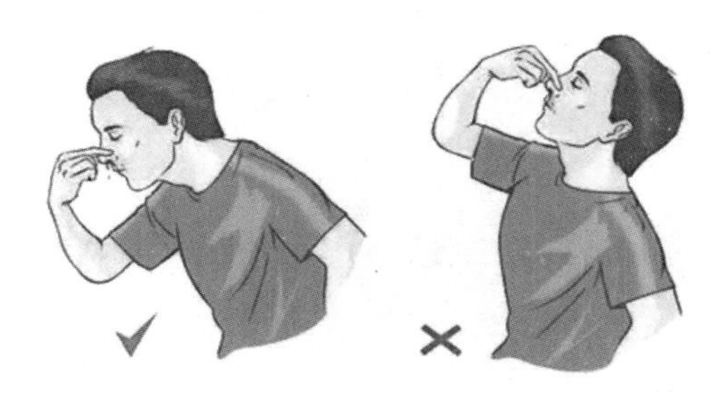

图1-3　鼻出血时不要仰头

有些人天生鼻黏膜脆弱，更需要细心呵护。天气干燥时，可使用加湿器增加环境湿度，不用力擤鼻子，并且要改掉抠鼻子的坏习惯。

四、口腔健康常识

牙齿的健康直接影响整个口腔的正常运作，因此，口腔健康的首要问题就是保护牙齿。下面介绍几个口腔健康小常识，帮助大家保护牙齿。

（一）牙刷的选购

应当选购直三排、横六束、刷头小、刷毛柔软、刷毛末端磨圆的保健牙刷，在口腔内运作自如，较容易刷到牙齿的死角。牙刷使用期限以2～3个月换一次为佳。

（二）牙膏的选购

牙膏里都含有一种摩擦剂，摩擦剂颗粒小，质量相对来说比较好，一般来说，市场上销售的牙膏质量与其价位成平行关系，应选用含氟牙膏，但最好不要长期使用同一种品牌的牙膏。

（三）掌握正确的刷牙方法

刷牙的力度不能太大，有些人以暴力式的方法刷牙，会引起口腔牙龈的萎缩、齿颈部磨损，

对冷热产生酸痛的现象。刷牙主要刷干净牙齿的以下几个面。

中华口腔医学会发布了一套标准刷牙方法，如图 1–4 所示。

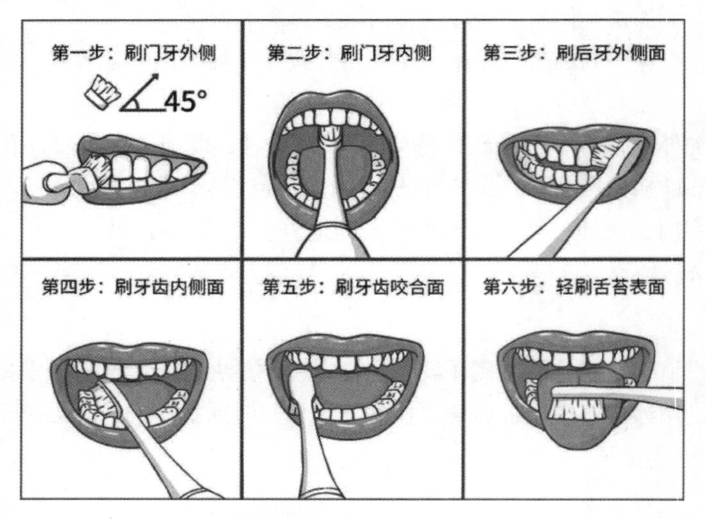

图 1–4　标准刷牙方法

（四）刷牙的次数

刷牙的次数只能增加，不能减少，三餐后及睡前共四次。漱口不能代替刷牙，因为漱口不能清除菌斑。

（五）要学会用牙线和牙缝刷

牙线一般分为含蜡和不含蜡两种，牙线和牙缝刷在饭后使用，应在牙医的指导下正确操作，牙缝刷适用于齿缝大的人，牙线的选购以柔软有弹性为好。

（六）关于漱口药水

漱口药水对于牙龈红肿、出血的患者较有用，但对牙石、牙周骨破损的患者则没有什么作用，建议不要长期使用漱口药水。

五、形体健康知识

青少年的身体还没有发育完全，在成长过程中会存在很多变数。例如，如果青少年长期坐、卧、立、行的姿势不正确，就会影响脊柱正常的发育，导致形体不美观，甚至引发疾病。

近几年，青少年颈椎病的发病率逐年增高，脊柱侧弯的发病率也居高不下。因此，建议家长带青少年前往脊柱科门诊排查一下，排除颈椎病及脊柱侧弯的可能性，并学习脊柱健康方面的知识，为健康体魄打好基础。

（一）日常生活中要养成良好的姿势

保持脊柱健康主要应做好以下几方面。

1.坐姿

臀部要充分接触椅面，双肩后展，脊柱正直，两足着地。写字时头部略微前倾，两肩之间的连线与桌缘平行，前胸不受压迫。将桌椅高度调到与自己身高比例合适的最佳状态，最好定制专用桌椅，利于调整坐姿，避免头颈部过度后仰或过度前屈，以减轻长时间端坐引起的疲劳。

2.站姿

应收腹挺胸，双肩撑开并稍向后展；双手微微收拢，自然下垂；下颌微微收紧，目光平视；后腰收紧，骨盆上提，腿部肌肉绷紧、膝盖内侧夹紧，使脊柱保持正常生理曲线。

3.走姿

双脚尽量走在一条直线上，行走时脚跟先着地、脚掌后着地，并且胯部随之产生一种韵律般的轻微扭动，双手有规律地前后摆动。

4.卧姿

睡眠时髋及膝关节轻微屈曲，仰卧时用一物品（如枕头）垫于膝后，侧卧时将物品垫于两膝间，俯卧时，则将物品垫于下腹。这样就可使脊柱保持一定的生理弯曲，使腰背、臀部及腿部肌肉处于放松状态，既舒适，又避免劳损。

（二）书包不要过重，看书姿势正确

书包过重是青少年加重颈椎负担的原因之一，因此青少年的书包不要过重，尽量只带上学当天需要的物品、课本等即可。看书时要保持坐姿，并且要使书本呈 10° ～ 30°的斜面，以防止颈椎疲劳。

（三）注重钙的摄入

日常生活中，青少年要注重饮食中钙的摄入，以保证骨骼的正常代谢，获得理想的骨钙峰值。在饮食中多吃含优质蛋白质和钙丰富的食物，可显著增加骨密度，对预防脊椎病大有裨益。

（四）选择合适的运动

游泳是增强腰背肌力量的有效运动，对颈椎病、颈肩痛、腰膝关节痛等都有很好的疗效，能防止和减轻腰痛。

第四节　科学锻炼与运动

案例导入

不科学的锻炼导致“肌溶解”

18 岁的学生小颖（化名），平时运动很少。一天，在进行了蛙跳等剧烈活动后，出现了肌肉疼痛等不适症状。起初，她以为是简单的肌肉拉伤，属于正常现象，并未引起重视。后来，

小颖的尿液竟然颜色发红，家人立即将她送至医院就诊。经初步检查，医生发现小颖的肌酸激酶指标是正常人的 100 多倍，建议入院治疗。后经过询问病史及进一步检查后，小颖被诊断为“运动性横纹肌溶解症”。其发病原因就是当肌肉因不当运动受到破坏后，肌肉里的肌红蛋白大量进入血液，在通过肾脏排泄时，会堵塞肾小管，从而导致急性肾衰竭等。

请思考：

1.你平时有运动的习惯吗？

2.你是否有和案例中小颖一样突然大量运动的情况？

3.你知道应该如何科学锻炼吗？

中学生的身体正处在成长时期，对身体各部位进行科学和全面的锻炼，对于促进他们的正常生长发育和身体全面均衡发展是十分重要的。学生在进行锻炼和运动时，可以遵循以下几方面原则。

一、自觉愉悦、积极锻炼

首先，应该树立“科学锻炼有益健康”的信念，自觉克服各种怕动、懒惰和对体育锻炼的麻痹或恐惧心理，而代之以自觉、愉悦和积极的心态，开展各种形式的体育锻炼活动。

作为青少年应有主动参加体育锻炼的意识，充分认识到适量运动对身心健康的必要性。如果一个人以某些理由放弃体育锻炼，短期内可能并不会有什么明显的后果，但是长期不运动可能会导致体质下降，容易惹上疾病。青少年应至少培养一项运动爱好，这样可以增加锻炼和运动的积极性（图 1–5）。

图 1–5　至少培养一项运动爱好

二、适量适度、循序渐进

锻炼时，要根据环境和个人的身体条件，如季节、气候、场地和运动器材，以及自身的健康和运动水平等，科学安排锻炼项目，根据身体负荷水平选择适当的锻炼方法等。各种锻炼项目都要逐步适应，不要一曝十寒，急于求成。很多人这样做结果往往适得其反，产生运动疲劳和损伤，以致很长时间身体无法恢复。锻炼时的运动量应由小到大，不能一开始就竭尽全力，动作应由易到难，由简到繁，密度也不要过于集中，在身体逐渐适应后，再逐步增加运动量。

三、因人而异、合理适宜

日常锻炼，可根据性别、体格、基础条件等选择适当项目。如按照自己的性别和体质，选择合适的运动量、锻炼密度和计划进程等。确定一个经过努力能实现的目标，制订切实可行的计划，是锻炼能取得成效的基本保证。

四、持之以恒、坚持不懈

体育锻炼需要经常、反复、持久地进行，才能逐步取得进展、提高。即使是已经取得的效果仍需巩固，中断训练也会导致成果消退。因此，根据“用进废退”的原理，应不断强化。锻炼不可能在短时间内产生显著的效果，只有坚持，才能逐步巩固、积累和提高。

五、注意安全、全面发展

在体育锻炼过程中，存在许多有害健康的因素，必须注意预防，以保证安全。首先是环境因素，如气候变化和气象情况，夏季预防中暑、冬季预防冻伤。大风、大雾天气不宜跑步。不宜在交通繁忙、空气污染和高低不平的场地锻炼。其次是要注意自己的健康状况，患急性病时，必须暂停锻炼；患慢性病时，要接受医生的指导。锻炼开始时，要进行充分的准备活动；锻炼过程中，要遵循技术规范，避免冲撞和受伤；锻炼结束时，要放松和拉伸运动的主要肌群，以利恢复。

体育锻炼应在科学知识的指导下，有目的有规律地进行，并在锻炼中不断调整。这不同于生活中的体力劳动，不能用体力劳动代替体育锻炼。体育锻炼能使人体在形态、机能各器官功能以及心理品质得到全面和谐地发展，包括耐力、速度、力量、灵敏度、柔韧性等许多项目协调地进行。鉴于体育锻炼的众多项目均有一定的局限性，如果项目、方法单一，就难以获得良好的整体效应。因此，青少年在体育锻炼中要力求均匀全面进行。

六、避免过度疲劳

过度疲劳是体育锻炼中引起的一种慢性病理状态，亦称过度训练综合征。1982 年，在美国召开的第五届国际运动生化会议上，对疲劳的定义取得了统一的认识，即“疲劳是机体生理过程不能持续在特定的水平上进行，或整个机体不能维持预定的运动强度”。日常所见的过度疲劳，除由于大运动量训练及激烈比赛后发生外，常为体育锻炼者急于求成或不考虑自身条件，盲目锻炼所致。过度疲劳会导致机体功能紊乱和代谢异常，并易发生运动损伤。学生在锻炼中学会观察、判断过度疲劳的状况，及时处理，可避免对个人健康的损害。

体育锻炼疲劳可反映在躯体和心理两个方面，前者的疲劳表现如肌肉的胀或僵硬、肌力下降、关节活动不灵、心率加快、呼吸加快等；后者的疲劳表现如情绪不宁、失眠、注意力不集中、记忆力下降、判断失误多等。然而躯体与心理的疲劳往往交叉在一起，互为影响，共同影响人的健康。评定疲劳的方法很多，表 1–2 为疲劳程度的自我估计，可作为参考。

表 1–2 疲劳程度的自我估计

项目	轻度疲劳	中度疲劳	重度疲劳
主观感觉	无任何明显不适	明显疲乏、心悸，休息后一天内能恢复	除明显的疲乏、心悸外，有胸闷、头胀痛，并持续较久，休息 24 小时尚不能完全恢复
面色	稍红	明显红	十分红，甚至呈紫色或苍白

续表

项目	轻度疲劳	中度疲劳	重度疲劳
出汗量	不多并与运动负荷相当	甚多，特别是肩带部分	非常多，常是全身出汗，有出冷汗的现象
呼吸	稍增加，休息片刻后可恢复	显著加快，休息后恢复时间较长	呼吸浅而频（急促），并可伴有节律不齐
注意力	如常态	注意力不易集中	反应迟缓，有时需大声嘱咐方可接受
动作	步态轻稳如常	步态拖沓，行动不稳	动作不协调，步态明显缓慢，动作节奏紊乱

当发现锻炼后有多种疲劳的现象时，应减少锻炼的强度，甚至暂时中止锻炼，以消除疲劳，防止疲态进一步发展，保护锻炼者的健康。锻炼后若感到疲劳，可以选择以下方法进行缓解。

（一）休息

休息是消除疲劳的最重要方法。其中一种为静止性休息，在这期间任何锻炼活动均不参加；另一种为积极性休息，可以选择另外一些运动量小的项目锻炼，如用右臂拉重物疲劳后，用左臂进行不太紧张的活动，比右臂单纯静止休息要恢复得快。

（二）睡眠充足

睡眠期物质代谢率减缓，呼吸及脉搏频率减慢，肌肉松弛，生长激素分泌增加，可促进疲劳恢复。若睡眠时间不足，不利于疲劳的恢复。但睡眠并非越多越好，长时间的睡眠使机体处于抑制状态，反而会出现精神倦怠，灵敏度下降等问题。

（三）整理活动

整理活动可使体育锻炼后非常紧张的状态渐渐过渡到安静状态。避免由于剧烈的变化而引起机体调节功能紊乱。活动强度越大，整理活动时间也亦应相应延长。恰当的整理活动可加速疲劳的恢复。

（四）物理方法

物理方法如日光浴、森林浴、吸氧、空气负离子吸入、局部蜡疗、水浴、药浴、推拿、按摩、电疗等。

（五）心理调适

心理调适应通过言语、音乐、心理暗示以及请心理医师指导进行恢复。

（六）补充营养及药物的应用

增加营养是体育锻炼后物质消耗补充的基础。我国市售运动营养品品种丰富。对于学生锻炼而言，主要应从食物中得到补充，只要合理安排膳食，并不需要从营养品中获取，更不要受广告宣传的误导，而依赖其消除疲劳。另外，对于药品的使用，包括中药，都必须在专业医师指导下选用。

第五节 规律作息与合理膳食

案例导入

作息不规律，学生得痛风

小杰（化名）今年16岁，平时学习压力比较大，所以他每天都会喝两瓶可乐，晚上经常熬夜复习功课，饿了的时候还会偷偷吃夜宵，点外卖如麻辣烫、烧烤、小龙虾等。结果一个月后的一天，他突然感到左脚红肿灼热，走起路来更是疼痛不已，睡了一觉后疼痛加重，连床都下不了。于是，小杰被送到医院就诊，经检查发现，小杰的血尿酸超出正常人的2倍，被诊断为急性痛风性关节炎。医生解释，肉类、海鲜都是高嘌呤食物，嘌呤代谢产生尿酸，而软饮料中富含果糖，也会提高血尿酸水平。尿酸过多会造成尿酸盐在关节和肾脏部位的沉积，引起周围组织发生红肿疼痛等炎症反应，于是痛风就发作了。

请思考：

1.你平时喜欢喝软饮料，吃肉类、海鲜吗？

2.你是否有晚上吃夜宵的习惯？

3.你认为健康的作息和饮食习惯应该是怎样的？

前面已介绍了青少年健康生活的多个方面，包括个人卫生防护、一些健康常识以及科学的锻炼方法等，但只了解这些是不够的。要想真正拥有健康，还需要有规律的作息和合理的膳食。

一、规律作息

（一）规律作息的好处

1.促进骨骼发育

晚上的睡眠时间也是青少年长个子的最佳时机。若是长时间没有充足的睡眠，或是习惯性晚睡，会影响青少年正常的骨骼发育，甚至使其出现长不高的情况。

2.促进脑部发育

处于发育阶段的青少年拥有了充足的睡眠，能够促进脑部的发育，提高智力。相反，经常睡眠不足会使学生反应变慢，注意力不集中。因此，想要更好地学习，先要保证充足的睡眠。

3.延长寿命

人在睡觉时，身体的大多数生理机能运转都会相应减慢，这是一个储存能量的过程。没有充足的睡眠，则使身体机能长期处于高速运转的状态，很难得到休养，这样会使得身体损耗过大，长此以往会危害身体的健康。

4.缓解疲劳

很多人都知道，当睡眠不充足时，身体会疲惫不堪，出现头晕、乏力、精神涣散等症状。保持良好的作息规律，能够很好地缓解身体劳累一天的疲惫感，补充体力，养足精神，更有精力、更加积极去面对全新的一天。

（二）合理安排作息时间

青少年的合理作息安排应该是符合其生理特点和日常生活节奏的；学生可以根据自己的实际情况进行安排。下面提供合理的学生作息时间安排，仅供参考。

6：30起床。起床后可以喝一杯温水。英国拉夫堡大学睡眠研究中心教授吉姆·霍恩说，水是身体内成千上万化学反应得以进行的必需物质，早上喝一杯清水，可以缓解睡眠时的缺水状态。

6：30～7：00洗漱。要在早饭之前刷牙，避免细菌进入肠胃内。

7：00～8：00吃一顿营养丰富的早餐。英国伦敦国王学院营养师凯文·威尔伦指出，早餐必须吃，因为早餐可以帮助维持血糖水平的稳定。早餐应吃富含蛋白质的食物（牛奶、鸡蛋等）和粗粮类的碳水化合物（红薯、玉米、杂粮粥等）。

8：00～12：00学习。纽约睡眠中心研究人员发现，大部分人在每天醒来的1～2个小时内头脑是最清醒的。过了这段时间学习状态会有一定的起伏，可以在下课后多出去走动，放松心情，最好不要看书，因为大脑是需要休息的。这样，下节课才能更好地集中精力，提高学习效率。

12：00～13：00吃一顿可口的午餐。注意营养搭配，蔬菜瓜果必不可少。

13：00～14：00短暂午休。雅典一所大学研究发现，那些每天中午午休30分钟左右、每周至少午休3次的人，因心脏病死亡的几率会下降37%。

18：00～18：30吃晚餐。晚餐要少吃，吃得太多，会引起血糖升高，并增加消化系统的负担，影响睡眠。晚餐应该多吃蔬菜，少吃富含碳水化合物和蛋白质的食物。吃饭时要细嚼慢咽。

18：30～19：30锻炼身体。注意不要剧烈运动。根据体内的生物钟，这个时间是运动的最佳时间。

22：30上床睡觉。如果学生是早上6：30起床，那么此时入睡可以保证其8小时的充足睡眠。

二、合理膳食

青少年的新陈代谢旺盛，所需要的能量和各种营养素的数量要比成年人多。如果营养不均衡，则会影响正常的生长发育。如果缺少人体内的必要元素，会造成学习时注意力不易集中、记忆力减退、视力下降等状况，影响学生的日常生活。

（一）饮食要足量

（1）多吃谷类，每日摄入400～500克，并视活动量而有所增减，以保证身体获得充足能量。

（2）多摄入优质蛋白质，每日可吃鱼虾25克、肉100克、蛋50克。蛋白质摄入不足会影响中学生的生长发育，也会影响免疫力与智力发展。

（3）学生骨骼发育迅速，需要摄入充足的钙，可每日饮用牛奶250毫升或食用豆类150克。女生还可以多吃海产品以增加碘的摄入，预防青春期甲状腺肿大。女生因月经失血要补充铁元素，增加维生素C的摄入以促进铁的吸收。

（4）学生应增加无机盐、维生素的摄入量，可每日食用水果100克，新鲜蔬菜300克。宜多食牡蛎、贝类等含锌、铜元素高的食物，以预防近视的发生。

案例分享

减肥减成贪食症

16岁的王珊（化名），身高1.65米，体重50千克，虽然不胖，但爱美之心促使她决定节食减肥。两个月后，她的体重降到了40千克左右。但由于长期节食，使她再也控制不住自己的饮食，经常暴饮暴食，然后又强迫自己吐出来。最终父母将她带到医院，医生诊断她患了神经性贪食症。

（二）科学进三餐

（1）早餐吃得好。据营养学家实验研究发现，早饭吃得好的人，整个上午血糖水平均保持在正常水平，所以不论是脑力劳动者或体力劳动者均感到精力充沛，效率很高。而不吃早餐或早餐质量很差的人，在不到上午10点的时候血糖水平已降至正常以下，故会感到体力不支、头晕乏力、注意力不集中、学习效率下降。另外，据统计，长期不吃早餐或早餐吃得不科学者，胃炎、胃溃疡、胃癌的发病率较高。

（2）中餐吃得饱。这里说的饱，不是暴饮暴食，而是有个七八分饱就可以了。

（3）晚餐吃得少。晚餐吃得太多太好，容易影响睡眠，导致肥胖，甚至产生疾病。晚餐吃得多的人，身体必然要有较多的“精力”用于食物的消化吸收和处理，致使睡眠不好；人到夜间活动减少，睡眠时耗热最小，晚间胰岛素分泌比白天多，而进食过多又会促使胰岛素分泌，较多的胰岛素可使血糖转化为脂肪，过多的脂肪堆积就会造成肥胖。

知识链接

神经性贪食症

神经性贪食症，又称贪食症，是一种一旦产生进食欲望就很难克制和抵抗，没有办法自我控制的、发作性的，在很短的时间以内大量地进食食物的表现。它是一种精神心理性进食障碍，多见于女性，患者发病多在青春期或者成年早期，主要表现为反复发作、不可以控制的暴饮暴食的情况。暴饮暴食之后又常常采用自我催吐、催泻，以及禁食、过度运动等不恰当的方式来过度地减肥，这些行为与患者对于自身的体重、体型的过度关注和不客观的评价有关系。

（三）健康饮食要求

（1）少吃油炸和暴晒食品。高温会破坏许多营养素，同时产生醛、氧化物等物质，对人体有害。

（2）多食增强记忆力食品。卷心菜、葡萄、蛋黄，对增强记忆力都有一定的帮助；鱼类含大量胆碱和维生素C，可促进脑部功能发育。

（3）热量必须充足。学生对热量的需要比成人高，每天应保证足够的主食，可吃适量产热量高的馒头、烧饼、米饭等；还应增加副食，每天要吃蔬菜、肉、豆制品、鸡蛋、水果等。

（4）保证供给充足的优质蛋白质。富含优质蛋白质的食物有瘦肉、鱼类、牛奶、蛋类、豆制品等。

（5）应补充钙、铁、碘、锌等元素。这几种元素是学生在青春发育期需要较多也最易缺乏的。人的骨骼主要由钙和磷组成，学生在快速长高的过程中，需要大量的钙、磷来补充，应多选含钙、磷的蔬菜、豆类、海产品和乳类，每天喝一杯牛奶或豆浆可获得较多的钙和蛋白质。青春期容易患贫血，主要是缺铁造成的，因此，应该多吃些富含铁和维生素C的食物，如瘦肉、鸡蛋、动物肝脏、鱼、蔬菜、水果等食物。青春期性腺器官发育达到高峰，碘也是生长发育必需的微量元素，一般海产品、动物内脏、肉类含碘和锌较丰富，可经常食用。

（6）注意补充各种维生素。学生用眼多，维生素A供应充足有助于保护视力，又可预防呼吸道感染；维生素B与机体能量消耗有关；维生素C可促进铁的吸收。寒冷季节还应考虑维生素D制剂的补充，以提高钙的吸收。

（7）注意四季的饮食规律。春天，气候由寒转暖的季节，气温变化较大，容易引起疾病。所以，在饮食上应摄取充足的维生素和无机盐，多吃新鲜蔬菜和柑橘、柠檬等水果。夏季炎热，人体能量消耗大。因此，必须及时补充水分和营养物质，应以清淡爽口又能刺激食欲的饮食为主。可适当多吃些凉拌菜、豆制品、新鲜蔬菜、水果等。秋天气候干燥，应当增加食用含有丰富维生素A、维生素E的食品，可增强机体免疫力；少吃刺激性强、辛辣、燥热的食物。因此，可以多吃一些蔬菜瓜果，如冬瓜、萝卜、茄子、绿叶菜、苹果、香蕉等。冬季，气候寒冷，应保证人体必需营养素的充足，保证热能的供给，可适当摄入富含碳水化合物和脂肪的食物，多吃些含钙、铁、碘、钾等丰富的食物，如猪肝、香蕉等。

知识小课堂

《黄帝内经》中的膳食搭配原则

《黄帝内经》提出了“五谷为养，五果为助，五畜为益，五菜为充，气味合而服之，以补精益气”的膳食搭配原则。

《黄帝内经》认为，五谷是人体赖以生存的基本物质，五果辅助补充营养，五畜补益五脏精气，五菜有协同充养作用，各种食物合理搭配，保证用膳者必需的热能和各种营养素的供给。同时，它还告诫人们，不可暴饮暴食，避免五味偏嗜。

几千年来，这些原则一直作为中华民族膳食结构的指导思想，为保障全民族的身体健康和繁衍昌盛发挥了重要的作用。

课后拓展

“七防”判断伪劣食品

（1）防“艳”。对颜色过分艳丽的食品要提防，可能是添加了大量色素所致。

（2）防“白”。凡是食品呈不正常不自然的白色，大多是因为加了漂白剂、增白剂、面粉处理剂等化学品。

（3）防“长”。尽量少吃保质期过长的食品。

（4）防“反”。就是提防违反自然生长规律的食物，如果食用过多可能对身体产生不利影响。

（5）防“小”。要提防小作坊式加工企业的食品，大部分触目惊心的食品安全事件往往会出现在这些企业。

（6）防“低”。“低”，即在价格上明显低于市场上同类正规食品，这种食品大多都有“猫腻”。

（7）防“散”。要防范散装食品，如有些集贸市场销售的散装豆制品、散装熟食、酱菜等，尽量少吃。

思考与练习

1.如何健康用眼？

2.科学锻炼最好遵循哪些原则？

3.如何科学进三餐？

第二章

青春期健康教育

【名人名言】

青春活泼的心，决不作悲哀的留滞。

——冰心

青春没有亮光，就像一片沃土，没长庄稼，或者还长满了荒草。

——吴运铎

第一节 了解自己的身体

案例导入

15 岁女生竟要切胃减肥

婷婷（化名），女，15 岁，身高 1.65 米，从小就喜欢吃炸鸡、汉堡等快餐食品，10 岁开始发胖。上初中后，婷婷的体重更是一路上涨，15 岁时突破了 85 公斤，并且还出现高胰岛素血症、呼吸暂停综合征等肥胖并发症。婷婷非常苦恼、自卑、害怕，竟然想做切胃减重手术。医生评估后，拒绝给婷婷做手术。但是一周后，婷婷又一次出现在医院，再三要求做手术。无奈，医生将她收治入院，给婷婷做了全面体检，但最终结论仍是暂时不做手术。

医生介绍，婷婷还未成年，身体各项功能尚未发育成熟，除非肥胖程度已经到了威胁生命的地步，否则不能轻易做减重手术。此外，婷婷虽然体质指数（BMI）指数接近 33，符合手术条件，也出现了肥胖并发症，但是不严重，并且也没有出现明显的代谢功能疾病，尚属于青春期肥胖的范围，可以考虑通过控制饮食、加强锻炼的方法来减重。

请思考：

1. 你的身体在青春期都出现了哪些变化？
2. 这些身体的变化给你带来了哪些苦恼？

一、青春期的定义

青春期是人生发展的一个重要阶段，是人类从性不成熟、不能生育的儿童时期转变为性成熟、具有生育能力的成年期的过渡时期。通俗地说，也就是人从儿童、少年长成大人的这个过渡期。从年龄上看，一般是指从 10 ～ 12 岁到 18 ～ 20 岁这个发展阶段。

二、青春期的生理变化

（一）女生青春期的生理变化

女生在这个时期的生理特点是身体及生殖器官发育很快，第二性征形成，开始出现月经。随着青春期的到来，女生全身成长迅速，逐步向成熟过渡。

第一性征。生殖器官的发育随着卵巢发育与性激素分泌的逐步增加，生殖器各部分也有明显的变化，称为第一性征。

第二性征。除生殖器官以外，女性所特有的征象成为第二性征。此时女孩的音调变高，乳房丰满而隆起，骨盆横径的发育大于前后径的发育，胸、肩部的皮下脂肪更多，显现了女性特有的体态。

月经来潮。月经初潮是青春期开始的一个重要标志。由于卵巢功能尚不健全，故初潮后月经周期也无一定规律，须经逐步调整才接近正常。

（二）男生青春期的生理变化

这个时期是男生生长发育的最佳时期。无论在形态上，还是在生理上，都有较大的改变。除身高、体重猛增外，主要是第二性征的发育，如声音变粗，胡须和腋毛开始长出，生殖器官也逐渐向成熟的方面发展，性腺发育成熟，并开始出现遗精现象。性格上也变得成熟、老练、稳重和自信，不再像小孩那样幼稚和无知。

青春期的到来，标志着男生开始发育至成年时期，将成为一个成熟的、具有繁殖后代延续种族生命能力的个体。这是男性一生中非常重要的时期，它与社会、家庭教育、个人成长及精神心理状态有极为密切的关系。男子到了青春期，由于性发育成熟，在雄性激素作用下，会对女生产生爱慕之情，这完全是青春期发育过程中伴随着生理发育所产生的一种心理变化，属于正常现象。但如果处理不好，缺乏应有的性知识，不讲究性道德，就容易犯错误。所以，有人又把这一时期称为“青春危险期”。

青春期是决定一生的体质、心理和智力发育的关键时期。虽然这时身体抵抗力比童年时期增强了，但一些传染病、常见病如结核、肝炎、肾炎、心肌炎等并不少见，而自主神经（管理各种器官的平滑肌、心肌以及腺体活动的神经）功能紊乱、散发性甲状腺肿大、甲状腺亢进、神经官能症等明显比童年时期增多。所以青春期卫生是不容忽视的，要注意饮食、休息，还要努力学习，锻炼身体，为一生的健康和工作打下良好的基础。

三、青春期身体变化带来的烦恼

进入青春期后，学生会对自己的身体变化变得更加敏感，对自然出现的一系列特殊生理现象，如青春期肥胖、脸上或身上长青春痘等，都要正确对待，因为这些都是很正常的生理现象，应该以平静的心态面对，以积极健康快乐的心态面对正常的生理发育和机体成长变化。

（一）青春期肥胖

我国 7 ～ 18 岁的儿童、青少年中，超重和肥胖的发生率近几年呈快速上升趋势，而体质呈下降趋势。要预防肥胖，必须消除导致肥胖的原因。若是属于内分泌失调引起的肥胖，应以治疗为主。若是单纯性肥胖者，应注意以下几方面。

（1）饮食有节制。饮食过量是引起肥胖的主要原因。因此，每顿饭以吃七八分饱为宜，同时要限制高脂肪、高糖食品的摄入量。

（2）结合运动。每天不仅要增加运动量，而且要延长运动时间。可以选择消耗热量较大的运动，如长跑、跳绳、打篮球、踢足球、游泳等活动，并持之以恒。

表 2-1 中列举了几种常见运动项目 1 小时所消耗的能量。

表 2-1 常见运动项目 1 小时所消耗的热量

运动项目	每小时消耗热量/卡路里	运动项目	每小时消耗热量/卡路里
爬楼梯 1500 级（不计时）	250	慢走（每小时 4 千米）	255
快走（每小时 8 千米）	555	慢跑（每小时 9 千米）	655

续表

运动项目	每小时消耗热量/卡路里	运动项目	每小时消耗热量/卡路里
快跑（每小时 12 千米）	700	游泳（每小时 3 千米）	550
骑自行车（每小时 9 千米）	245	轮滑	350
骑自行车（每小时 21 千米）	655	骑自行车（每小时 16 千米）	415
有氧运动（轻度）	275	跳绳	660
跳舞	300	有氧运动（中度）	350
健身操	300	打网球	425
踢足球	450	打篮球	400

（3）保证睡眠。有研究显示，睡眠时间少于 6 小时，肥胖发病率会显著上升。青春期的学生应保证每天 8 小时的睡眠。

（4）正确解压。青春期学生或多或少都存在学业压力或心理问题，有些学生会以贪吃、暴饮暴食来排解压力，最终导致肥胖问题。因此，要学会以健康的方式解压，如运动、与朋友和家人倾诉等。

（5）遗传、家庭的饮食习惯和生活方式也是导致青春期肥胖的重要因素。

（6）避免盲目减肥。有些青少年对肥胖的认识不足，有时会过分地追求苗条，盲目减肥并采用禁食、不吃肉类、服用减肥产品等错误方式控制体重。其实，维持在正常体重范围是体格发育正常的标志之一，过分追求苗条则会影响正常发育，造成不良后果。而保证健康才是预防和治疗肥胖的最终目的。青少年的标准体重不同，需要根据个人的年龄判断。7 ～ 16 岁青少年的标准体重计算公式为：标准体重（千克）= 年龄（周岁）×2+8。如果体重超过标准体重的 20% ～ 30%，属于轻度的肥胖；如果超过标准体重的 30% ～ 50%，属于中度肥胖；如果超过标准体重的 50% 以上，则属于重度肥胖。

（二）青春期痤疮

1. 青春期痤疮的原因

痤疮，又名青春痘，是常见的毛囊皮脂腺的慢性炎症性疾病，常发于青春期的男生和女生。主要与雄激素及皮脂分泌增加、毛囊皮脂腺导管角化异常、痤疮丙酸杆菌过度繁殖及继发炎症等相关。

（1）雄激素及皮脂分泌增加。内分泌因素是青春期男女长青春痘的重要因素。青春期男女因身体快速发育，会分泌大量的雄激素，体内雄激素水平增高，可使皮脂腺增大、皮脂分泌增加，引发青春痘。

（2）毛囊皮脂腺导管角化异常。毛囊皮脂腺导管角化过度使毛囊口变狭窄甚至堵塞，导致毛囊壁脱落的上皮细胞和皮脂无法正常排出，形成青春痘。

（3）痤疮丙酸杆菌过度繁殖。痤疮丙酸杆菌是人体皮肤的正常菌群，主要寄居在毛囊皮脂腺内，皮脂腺分泌旺盛会引起痤疮丙酸杆菌过度繁殖，从而引发青春痘。

（4）继发炎症。毛囊口堵塞使皮脂等毛囊内容物造成毛囊壁损伤破裂渗入真皮，引起毛囊周围出现炎症，不当的挤、捏、触摸、搔抓刺激皮肤等，易导致继发感染，诱发青春痘。

（5）其他因素。食用过多辛辣刺激性食物、高糖高脂饮食，高温、高粉尘环境，不注意面部清洁，熬夜，心理压力过大及使用糖皮质激素类、雄激素类药物等，也是诱发或加重青春痘的原因。青春痘的发病有一定的遗传性，部分女生的青春痘还可能与月经周期体内激素波动相关。

2.青春期痤疮的预防

（1）不要熬夜。青少年时期正是身体生长发育的关键时刻，如果经常熬夜的话，会导致内分泌紊乱，从而诱发痤疮。所以应该养成一些良好的生活习惯，每天早睡早起，保证充足的睡眠，这样既有利于身体的生长发育，也能够减少痤疮的发病率。

（2）多吃水果和蔬菜。青少年时期应该多吃一些新鲜的水果和蔬菜，维持身体所需要的各种维生素和微量元素。尽量少吃一些辛辣、自己腌制、油炸的食物，因为这些食物会增加皮脂的分泌，进而增加患痤疮的几率。

（3）运动。在青少年时期，运动能够减少痤疮的发生。通过运动，可以加快新陈代谢的速度，从而能够促进皮脂的代谢。青少年可以根据自己的爱好，选择适合自己的运动方法，如球类、跑步、瑜伽等。

（4）多喝水。青少年时期应该多喝白开水，少喝碳酸饮料。因为白开水能够促进新陈代谢，补充身体所需要的水分，有助于身体健康。

（5）注意清洁。平时要做好脸部的清洁和护理，保护好皮肤，从而避免痤疮的发生。

3.青春期痤疮的治疗

青春期出现青春痘是正常现象，通常会随着青少年的成长而不断缓解。日常护理上，应调整生活习惯，保持健康清淡的饮食，避免熬夜，注意个人卫生，避免经常挤压、搔抓青春痘。必要时，可在医生指导下外用维A酸乳膏、红霉素软膏等药物进行治疗，症状较重者应及时前往医院诊治，以免引起急性化脓性病变、疤痕等并发症。

第二节　青春期心理问题

案例导入

青春期“爱的困惑”

2021年12月，中学生张某对邻桌的女同学产生了好感，因此买零食总是买两份，晚自习放学还护送女生回寝室。期末结束时，张某便兴奋地提出“发展恋爱关系”，该女生却说他“缺心眼”，并让班主任给自己调换座位。被浇冷水后，张某不但没有冷静下来，反而产生了强迫思维：“她为什么不喜欢我呢？是我对她不够好吗？”天天胡思乱想使他的成绩急剧下降，整天无精打采。

请思考：

1.你对上面案例的看法是什么？

2.你在青春期是否也有一些心理上的困惑？具体困惑是什么？

一、青春期常见心理问题

青春期是一个从幼稚走向成熟的过渡期，是一个朝气蓬勃、充满活力的时期，是一个开始由家庭迈进社会的时期，同时也是一个变化巨大、面临多种危机的时期。青春期常见的心理问题大致表现为如下几个方面。

（一）逆反心理

逆反心理是一种发自内心的、不愿顺从的心理状态。有逆反心理的人常具有明显的“对抗”和“反控制”情绪，不同于一般抵触情绪，它是一种稳定的情绪体验和行为倾向。逆反心理见于各年龄层的人群，但是，处于青春期的中学生最容易被诱发。

1.逆反心理的形成原因

中学生迈入青春期后，其独立意识和自我意识日益增强，他们喜欢以“成年人”自居，反对成年人把他们当做小孩，他们更愿意和朋友在一起，遇事喜欢自己做决定，不希望成年人干涉。因此，他们对父母和教师之言不再唯命是从，对家长和老师的教育也更容易产生逆反心理。

2.逆反心理的表现

逆反心理在一定程度上是青春期学生思维活跃、自立自主意识增强的表现，青春期逆反心理主要表现为以下几个方面。

（1）独立心理。独立意识强，表现欲望高，喜欢标新立异，遇事总想发表独特的见解，做出异乎寻常的举动，以期引起别人的注意，显示其独立的个性。

（2）好奇心理。心理学家认为，当某事物被禁止时，很容易引起人们的好奇心和求知欲。尤其是在只作出禁止而又不作出任何解释的情况下，浓厚的神秘色彩更容易引起人们的猜测。那些“青少年不宜”的影视广告就是利用青少年的好奇心理，从而达到吸引更多的青少年去观看的目的。

（3）对立心理。人与人之间一旦持有否定的态度，也会对他的观点、行为持否定态度。比如教师对后进学生总是批评，后进学生就可能对老师说的话都听不进去甚至产生逆反情绪。

（4）偏激心理。处于青春期的学生社会阅历浅、知识面还相当缺乏，看问题过于简单，甚至相当片面，往往攻其一点，不及其余，却为此沾沾自喜。

3.逆反心理的危害

逆反的心理、行为如果不加以正确引导，会导致青少年对人、对事产生多疑、偏执、冷漠、不合群、对抗社会等病态性格，使之信念动摇、理想泯灭、意志衰退、工作消极、学习被动、生活萎靡等，进一步发展还可能向犯罪心理和病态心理转化，从而走向极端。所以青少年、家长和教育人员都必须采取有效的方法来克服和防治逆反心理的产生。

案例分享

叛逆少年持刀欲伤亲人

少年刘某父母离异，其父亲常年在外打工，现在刘某一个人生活。一日，刘某的表姐、姑姑、姑父一家三口受刘某父亲委托来到刘某家中帮助修理水管。进屋后，表姐发现表弟刘某懒惰且沉迷手机游戏，便对其进行劝导，过程中表姐与刘某发生争吵，并将刘某的手机扔到了地上，姑父也与刘某发生了肢体冲突，最终导致刘某情绪过激，在姑姑一家三口要离开时，拿出家中的两把菜刀拦在了他们面前，对其三人进行人身威胁。最后，刘某被民警成功制服。

（二）性意识产生

男生、女生在青春期对性开始有了意识，由不自觉到自觉转变。而对性对象的注意，也由同性转为异性。对异性的兴趣，由反感到爱慕，这几乎是每个人都会经历的阶段。

1.青春期性意识的发展阶段

（1）青春期前期。在儿童时期，男孩女孩还没有完整的男女性别概念，基本上是以一种中性的状况存在。心理学家发现，如果在这一阶段能提供一些早期的性意识教育，孩子们就会消除对性的神秘感，在青春期的性意识发展阶段就能顺利得多，并可减少性困惑的产生。

（2）青春期初期。在青春期发育初期，由于性生理发育和第二性征明显的变化，青少年不同程度地意识到两性的差别，并对自身所发生的变化感到迷惑不解、羞涩不安。在一段时期内，青少年总想远离异性，在学习和游戏中，男女截然不同地分群进行活动。即使需要互相接近和交谈，双方也都感到羞涩而保持一定的距离，甚至在家里也表现出男孩喜欢与父亲接触，女孩愿意跟母亲说悄悄话的现象。

（3）青春期中期。进入青春期中期，由于性发育日渐成熟，异性抵触心理渐渐被异性向往心理所代替。青少年常常对与自己年龄相当的异性产生兴趣，并希望和异性有所接触，或在各种场合中想办法吸引异性对自己的注意。这种男女青少年之间彼此愿意接近、相互吸引的心理是健康的、正常的，是青少年性意识发展的必然经历。但由于青少年情绪不稳定，很难与同一个人长久相处，常因各种因素的干扰而变化，因而在与异性接触过程中，也容易引起冲突，或因琐碎小事争吵，甚至绝交。

（4）青春期后期。这个时期是由青春期向成年期过渡的阶段。在这个时期，青年男女把感情集中寄予自己钟情的某一个异性，在工作、学习中互相帮助，生活中互相照顾体贴，憧憬婚后的美满生活，并开始为组织未来的家庭做准备工作。这时的青年男女情感较稳定，对周围环境的注意减少，并在自我形象不断明确的同时，确立真正的自我同一性。由此，就建立起了完整的个体性意识。

2.青春期性意识产生所带来的问题——早恋

青春期是人生最美好的时期，随着生理和心理的发育，青少年对异性慢慢有所好奇，并相互吸引着，想要去了解，这容易促成早恋的形成。

（1）早恋的界定。谈恋爱的年龄早晚，并没有一个统一的标准，就目前我国的实际情况来说，高中及高中以下的学生谈恋爱，应该算是早恋。因为他们在经济上尚未独立，他们的生活还不能完全自立，他们的年龄还离法定的最低婚龄相差很远；他们的心理也很不成熟。这样一个身心都尚在成长中的孩子，如果谈恋爱，将会出现很多问题。

（2）早恋的特点和危害。

①早恋多半是不理智、不成熟的选择，缺少承诺，难以持久，极少能走向婚姻的殿堂。

②早恋容易造成当事者过度狂热和痴迷于爱情，从而影响学业，甚至磨灭理想。

③早恋在遇到波折，如感情转移、争吵、分离等情况时，由于心智不够成熟，易产生偏激行为，如殉情、恶性报复、离家出走、患忧郁症等。

④早恋发生于青春期性躁动期，自我约束力较弱，有可能在一时的性冲动之下，稀里糊涂地发生并非自愿的性关系，更难以承担这种关系造成的怀孕、堕胎的严重后果。

案例分享

11 岁女孩怀孕 3 个月

近年来，低龄女孩怀孕病例出现数量增多的趋势。11 岁女孩小雨（化名），因为与同学交往“过线”而意外怀孕。她自己一直懵懵懂懂，若不是她的妈妈细心，发现女儿 3 个多月没来例假，小雨身体的异样不一定能被这么早发现。她跟着妈妈走进市妇幼保健院时，脸上没有特别的表情，就算被告知已经怀孕 3 个月也是如此。医生回忆说：“在医院里，她只是意识到怀孕很丢人，并没想清楚自己到底错在什么地方，真是一个糊涂女孩！”经检查，小雨已经怀孕近 3 个月，因为年龄太小，必须要做流产，并且至少要休息 2 个月才能恢复身体。

⑤出现过火行为、引发犯罪。当青少年强烈的好奇心和感情上的冲动构成合力时，本就十分脆弱的理智防线就会更容易被冲垮。在这种情况下，往往会出现过火行为，甚至造成不可弥补的损失，造成青少年心灵上的创伤。如果同时受到黄色书刊或教唆犯的引诱，就极可能走向道德败坏或违法犯罪的道路。

除了上面说的青春期心理问题，青春期学生还会存在一定的心理冲突。一方面，他们要求独立，希望能够摆脱依赖父母的生活，渴望走出家庭，建立伙伴关系；另一方面，他们又缺乏信心，害怕挫折。尤其是那些性格内向、心理承受能力较弱，而自尊心又极强的青少年，很容易在集体中感到压抑和孤独，被这种心理阴影笼罩而不能自拔。青春期虽然身心发展较快，但此时思想尚未成熟，对社会的认识能力、辨别是非能力不强，自我控制能力差；同时，青少年好奇心及模仿心强，使他们很容易受同伴或不良社会风气的影响，养成不良习惯和沾染不良嗜好。另外，具有行为问题（反社会行为、家庭内暴力、出走、自杀等）的青少年，通常遭到过太多的批评、指责，他们对成年人几乎都充满敌意和不信任，往往较难纠正。

处在青春期的同学不可避免地会产生对异性的爱慕情感，可以使用积极的方式处理这种情感，互相鼓励精进学业，设立共同的人生目标，在相处中磨砺自身，学习如何在互相交往中祛除自身负面影响，也要学会设身处地地顾忌他人感受，明白互相爱慕或互有好感共同进步是建立在价值观、世界观和人生观相契合的基础上的。

二、青春期常见心理问题的安全应对

（一）克服和防治逆反心理

（1）理解。学着从积极的意义上去理解长辈，父母的啰嗦、老师的批评都是善意的，老师、父母也是人，也有正常人的喜怒哀乐，也会犯错误，也会误解人，青少年只要抱着宽容的态度去理解他们，也就不会逆反了。

（2）把握自我。经常提醒自己，要虚心接受老师父母的教育，遇事要尽力克制自己，要知道，退一步海阔天空。另外，青少年还要主动与他们接触，向他们请教，这样多了一份沟通，也就多了一份理解。

（3）学会适应。青少年要提高心理上的适应能力，如多参加课外活动，在活动中发展兴趣，展现自我价值，这样，逆反心理也就克服了。

（4）切忌：①青少年自身不能正确认识逆反心理，对自己逆反的行为不以为耻、反以为荣，认为自己有个性、有主见；②家长和教师压制式教育学生。

（二）如何避免早恋

（1）要懂得自尊自爱，尊重异性。男女同学之间的交往，既要相互尊重又要自重自爱；既要开放自己，又要掌握分寸；既要主动热情，又要注意交往的方式、场合、时间和频率。只要青少年真诚待人，坦然大方，就一定能获得异性同学的尊重和友情。

（2）正确认识青春期生理、心理发展的特点。学会调节情绪控制冲动，正确认识外在美与内在美的统一，与异性交往保持适度的距离，注意力不要过多地关注自我形象，而要进一步提高自身修养和判断是非的能力。女生更要注意通过正确的途径寻求科学的性知识（心理健康教育课或科学健康杂志），树立健康文明的性道德观。

（3）适度交往，合理拒绝。把握交往的尺度，自觉约束、规范自己的行为，以高尚的道德来控制冲动，培养自制力。与异性接触时应有意识地控制自己的言行举止，沉着冷静，与异性保持一定的距离。学会合理拒绝异性同学的单独邀请，不便拒绝时可以提议约上其他同学，费用实行AA制等。

（4）升华自己的情感。爱的本质是彼此的心灵丰润、健康成长与成熟、体现人的尊严与价值。青春时代的特定任务是长身体、学知识、修品德、增本领，以使自己未来能走上一条宽阔的人生之路。若沉浸于狭隘的恋爱之中，则有可能跌进“美丽的陷阱”而自毁锦绣前程。

第三节　保护自己 预防性侵害

案例导入

性侵害可能就在身边

佩佩（化名）是湖南某校大一学生，某日晚9时多，她与同校同学王某及其他三名同学（两男一女）一起外出吃夜宵，并喝酒至醉。当晚近11时，在两名男同学的协助下，佩佩被王某带至学校附近某酒店。随后，在该酒店房间内，王某对佩佩实施了性侵。第二天早晨6时多，王某发现叫不醒佩佩，便叫来一起喝酒的几名同学拨打了120急救电话。急救人员到达后，发现佩佩已死去多时。

请思考：

1.什么情况下更容易受到性侵害？

2.应如何预防性侵害？

一、性侵害的主要形式

一般认为，只要是一方通过言语或形体的有关性内容的侵犯或暗示，给另一方造成心理上的反感、压抑或恐慌的，都可构成性骚扰。性侵害，则主要是指在性方面造成的对受害人的伤害。性骚扰和性侵害是危害学生身心健康的主要问题之一。相对而言，性骚扰和性侵害的对象常以女学生为主。其中，性侵害的主要形式有以下几种。

（一）暴力型性侵害

暴力型性侵害，是指犯罪人员使用暴力和野蛮的手段，如携带凶器威胁劫持受害人或以暴力威胁加之言语恐吓，从而对受害人进行强奸、轮奸或调戏的暴力型性侵害。

（二）胁迫型性侵害

胁迫型性侵害，是指利用自己的权势、地位、职务之便，对有求于自己的受害人加以利诱和威胁，从而强迫受害人与其发生非暴力型的性行为。如利用职务之便或乘人之危而迫使受害人就范，或利用学生的过错、隐私等，甚至故意设置圈套引诱受害人。

案例分享

教育培训机构老师性侵5名未成年少女

马某是湖北一家个体教育培训机构的老师，2018年3～6月，他多次诱骗班上14岁女孩邓某与其发生关系，马某在得逞后并没有收敛，而是更加肆无忌惮。之后他开始教唆邓某介绍其他未成年女孩供其侵犯。在马某被抓后，警方核实已有5名女童遭到马某的侵犯，其中年纪最小的女童仅8岁。

2018年4月，马某用钱、言语挑逗等方式将邓某和吕某骗至家中。马某乘机对两人进行猥亵，事后分别给她们100元要求她们保密。2018年5月，马某又以给钱、送手机等方式，引诱邓某的另一名同学李某与其发生关系。在2019年8月30日的一审判决中，法院认定马某利用教师职业便利，对未成年少女实施性侵，其行为已构成强奸罪、猥亵儿童罪，被判有期徒刑18年，并禁止他以后再从事教育相关行业。

知识小课堂

《未成年人学校保护规定》

2021年6月1日，中华人民共和国教育部令第50号公布，自当年9月1日起施行《未成年人学校保护规定》（以下简称《规定》）。《规定》对未成年人预防性侵害、性骚扰的现有制度进行了系统整合，进一步予以明确和强调。

一是加强教育。除了对教职工进行未成年人保护的专项培训外，还要求学校对学生开展青春期教育、性教育，提高学生们防范性侵害、性骚扰的自我意识和保护能力。

二是完善制度。要求学校建立健全教职工与学生的交往行为准则，学生宿舍安全管理规定，视频监控管理规定等制度，建立系统的预防报告，处置性侵害、性骚扰的工作机制。

三是进一步明确规则。《规定》划定了一条红线，明确禁止教职工和校内人员的6项行为，包括禁止与学生发生恋爱关系、性关系；禁止抚摸、故意触碰学生身体特定部位等猥亵行为；禁止对学生作出调戏、挑逗或者具有性暗示的言行；禁止向学生展示传播包含色情、淫秽内容的信息、书刊、影片、音像、图片或者其他淫秽物品；禁止持有包含淫秽、色情内容的视听、图文资料；禁止其他构成性骚扰、性侵害的违法犯罪行为。

四是建立及时发现制度。《规定》要求学校要建立报告制度，首问负责制度，权益保护机制，如有学生受到伤害，应当及时便捷地进行报告，让家长、教育部门和学校知晓。

五是严肃处理。《规定》进一步明确了处理规则，对实施性骚扰、性侵害的教职工要严肃处理，要依法予以开除或者解聘。有教师资格的，主管部门还要撤销其教师资格，纳入从业禁止名单，终身不得进入教育领域。违法犯罪的，要移送有关部门依法追究责任。

（三）社交型性侵害

社交型性侵害，是指在自己的生活圈子里发生的性侵害，与受害人约会的大多是熟人、同学、同乡，甚至是男朋友。社交型性侵害又被称为“熟人强奸”“社交性强奸”“沉默强奸”“酒后强奸”等。受害人身心受到伤害以后，往往出于各种考虑而不愿对此进行揭发。

（四）诱惑型性侵害

诱惑型性侵害，是指利用受害人追求享乐、贪图钱财的心理，诱惑受害人而使其受到性侵害。

（五）滋扰型性侵害

滋扰型性侵害中也包括性骚扰，其主要形式有：一是利用靠近女性的机会，有意识地接触女性的胸部，摸捏其躯体和大腿处，如在公共汽车、商店等公共场所有意识地挤碰女性等；二是暴露生殖器等变态性滋扰；三是向女性寻衅滋事，无理纠缠，用污言秽语进行挑逗，或者做出下流举动对女性进行调戏、侮辱，甚至发展成为集体轮奸。

案例分享

公交车上的骚扰

16岁的小非（化名）是某职业学校的学生，每天上学、放学都要乘坐公交车。一天，在公交车上，一名40多岁的陌生男子一直往她身上靠。刚开始她以为是车上人比较挤，所以就没在意，便往外挪了挪，男子见她不作声，又挤到她身边，并对她动手动脚，情急之下她立即下了车。为了怕父母老师担心，她没有将此事告知老师与父母。可是几天后，当她放学回家时，又在车上碰到了该男子，且这位男子迅速靠到了她的身边对她进行骚扰。回家后，她将此事告知了父母，但此后她再也不敢乘公交车了。

正确的做法是，小非应该勇敢地警告该男子，或拿手机拍照做证据，向司机求救并拨打110报警电话。

二、容易遭受性骚扰、性侵害的时间和场所

（一）夏季

夏季是女学生最容易遭受性侵害的季节。由于天气炎热，夜生活时间延长，外出机会增多。校园内绿树成荫，罪犯作案后容易藏身或逃脱。同时，由于夏季气温比较高，女生衣着单薄，裸露部分较多，所以对异性的刺激增多。

（二）夜晚

夜晚是女学生最容易遭受性侵害的时间。因为夜间光线暗，犯罪人员作案时不容易被别人发现。所以在夜间女学生应尽量减少外出。

（三）公共场所和僻静处所

公共场所和僻静处所是女生容易遭受性侵害的地方。这是因为，当在公共场所如教室、礼堂、舞池、溜冰场、游泳池、车站、码头、长江边、影院等人多拥挤地方时，不法人员常趁机袭击女生；僻静之处如公园假山、树林深处、夹道小巷、楼顶晒台、没有路灯的街道楼边，尚未交付使用的新建筑物内、下班后的电梯内、无人居住的小屋和茅棚等，如果女生单独逗留，很容易遭到性骚扰。所以女生最好不要单独行走或逗留在上述地方。

三、防范性骚扰与性侵害的措施

（一）筑起思想防线，提高识别能力

女学生应当消除贪图小便宜的心理，对一般异性的馈赠和邀请应婉言拒绝，以免因小失大。谨慎待人处事，对于不相识的异性不要随便说出自己的真实情况，对于那些特别热情的异性，不管是否相识都要加倍注意，一旦发现其对自己不怀好意、动手动脚或有越轨行为，一定要严词拒绝、大胆反抗，必要时向学校有关领导和保卫部门报告，以便及时加以制止，防止事态进

一步发展。

具体要注意的情形包括：不轻易与陌生人接近或交谈；避免与刚认识的男子独处或饮用由其提供的饮料；不单独一人进入僻静的教室或其他人少的场所，如果独自在宿舍时，要关好门窗，不要让陌生人进入；夜间不与陌生人一起乘坐出租车；不随便搭陌生人的便车；外出时，随时与家人或好友联系，让他们知道自己的位置；避免独自走夜路，尤其应避免走僻静的小路；夜间外出如果要经过偏僻处时，最好请家人或同学陪同。

（二）端正自身行为，明确自己态度

如果自己行为端正，坏人便无机可乘。如果自己态度坚决明确，对方就会打消念头，不再有任何企图。如果自己态度暧昧、模棱两可，对方就会增加幻想继续纠缠。在拒绝对方的要求时应讲求策略，要讲明道理，耐心说服，一般不宜嘲笑挖苦。女学生避免穿暴露的服装外出。

（三）运用法律武器，勇敢保护自己

对那些失去理智、纠缠不清的不良青年，女学生千万不要惧怕他们的要挟和讹诈，也不要怕他们打击报复。要大胆揭发其阴谋或罪行，及时向父母和老师报告，学会依靠组织和运用法律武器保护自己。千万注意不要“私了”，“私了”的结果会使他们得寸进尺，没完没了。

（四）学点防身技术，提高自我防范

一般女生的体力均弱于男生，防身时要把握时机，出奇制胜，狠、准、快地重击其要害部位，即使不能制服对方，也可制造逃离险境的机会。人的身体各部分都可用来进行自卫反击，头的前部和后部可用来顶撞，拳头和手指可进行攻击，肘部向后猛击是最强有力的反抗，用膝盖对其脸和腹股沟猛击相当有效果，用脚前掌飞快踢对方胫骨、膝盖和阴部非常有效。同时，要注意设法在犯罪嫌疑人身上留下印记，以便追查、辨认嫌犯时作为证据。

知识链接

预防性骚扰与性侵害安全口诀

五月六月七八月，炎炎夏日衣裙少。
观念预防记心头，性侵财侵不得了。
小恩小惠莫随受，天上馅饼不会掉。
不在偏僻道路走，陌生人跟赶紧跑。
交友慎重更自重，隐私部位保护好。
预防性侵最重要，身体健康是个宝！

四、男生性侵害与防护措施

2022 年 3 月 2 日下午，“女童保护” 2022 全国两会代表委员座谈会在北京召开。会上发布《“女童保护” 2021 年性侵儿童案例统计及防性侵教育调查报告》（以下简称《报告》）。据《报告》统计，2021 年全年媒体公开报道的性侵儿童（18 岁以下）案例共 223 起，受害人数为 569

人。在受害儿童的男女比例上，从案例数量上看，223 起案例中，受害人为女童的 203 起，占比 91.00%；受害人为男童的 17 起，占比 7.60%；而同时有男童女童遭受侵害的有 3 起，占比 1.30%。从受害人数量上看，569 名受害儿童中，女童 462 人，占比 81.20%；男童 107 人，占比 18.80%（图 2-1）。其中，与过往几年数据相对比，男童遭遇侵害的比例呈上升趋势。因此，男生性侵害的防护也是极其重要的。

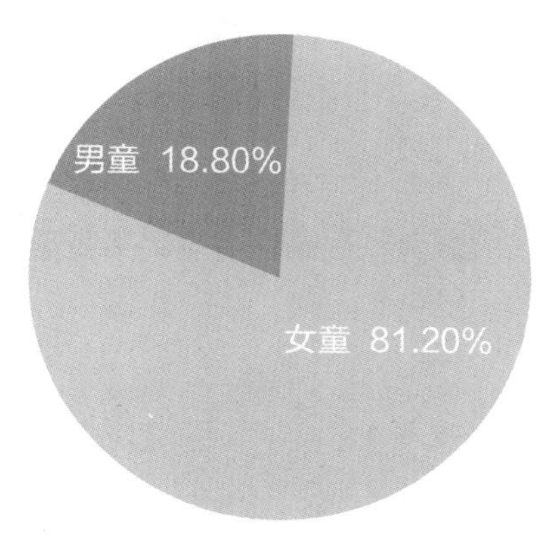

图 2-1　性侵受害人中男童、女童占比

男生性侵害的防护主要包括以下几方面。

（1）打破刻板印象。在刻板印象里，坚强勇敢有力气的男生，与遭受性侵害似乎有很远的距离。但实际上，他们中的某些人被伤害而不自知，被侵犯却不懂如何拒绝。这就需要男生和其家人都能打破这种刻板印象，建立“男生也容易被性侵”的防护观念。

案例分享

16 岁男孩遭义父性侵

刘某，男，是某中学一名 16 岁的学生。刘某有一位义父江某，是其父亲的好朋友，多年来一直对刘某很好。一天晚上，刘某与江某在一起睡觉，没想到江某却对他实施了性侵害。16 岁的刘某还是个孩子，他完全没有想到跟自己的父亲差不多年纪、一直对自己关心有加的义父江某，竟然会强迫自己脱下裤子，对自己实施性侵，于是一怒之下用尖刀将江某刺死。这真是一场毫无防备的人间悲剧。

男生遭遇性侵害，最好的应对方式是，一定要学会对有苗头的不良触碰说“不”，勇敢地表明自己的态度。在大多数非暴力的猥亵、骚扰案件中，侵害者都是欺软怕硬的角色。他们本身很胆小，因此只敢找更胆怯的对象下手，因此，对侵犯自己的行为应在第一时间予以坚决制止，同时也可以向周围人求助。

（2）注意区分。一个典型的性骚扰或性侵犯过程往往总是从不那么露骨的性活动开始的，而性侵害者最开始接近受害者的时候，所表现出来的态度都是热情、友好，有时候会被认为是善于交际。因此，在人际交往中，要提高自己的辨别能力和安全防范意识，分清在自己身边的哪些是真朋友、真好人，而哪些人又是别有意图的。

知识链接

刑法修改，保护男性

2015年11月1日起施行的《中华人民共和国刑法修正案（九）》修改了刑法第237条强制猥亵妇女、儿童罪的条款，将“猥亵妇女”改为“猥亵他人”，这个“他人”当然既包括妇女，也包括男性。该刑法修正案生效后，性骚扰男性情节严重的，也可构成犯罪。可处五年以下有期徒刑或者拘役。情节严重的，可处五年以上有期徒刑。

第四节　珍爱生命 远离毒品和烟酒

案例导入

12岁染上毒瘾　28岁艾滋晚期

在乌鲁木齐强制隔离戒毒所内，28岁的小丰（化名）躺在特护病床上，他已是艾滋病晚期，连站立都很困难。他的身体早已消瘦如柴，而且出现了溃烂。

小丰从小家境就很好，几乎是他要什么，父母就给什么。小丰的父亲从2002年开始贩毒并染上了毒瘾，1年后，小丰的母亲也开始吸毒。

小丰看到父母吸“烟”的舒服表情后，很好奇，于是一天他趁着父母都不在家，偷偷地找来了父母的“烟”，模仿父母的动作吸“烟”，开始了他的第一次吸毒，那年他只有12岁，才上小学六年级。从此，只要父母不在家，小丰总会偷偷吸两口，渐渐地毒瘾越来越大，在父母那里偷不到毒品，他便开始上街去偷钱买毒品。

15岁那年，小丰在家偷父母的毒品时，被父亲抓了个正着。“他对我拳打脚踢，这是他第一次那么狠地打我，他不停地捶着胸口说：‘孩子，你不能染上这个，不然我们家就彻底完了！’”小丰发现，父亲当时竟然哭了。然而，小丰只是短暂地忏悔，之后依然无法摆脱毒魔。他越来越依赖毒品，一天，他偷来父母的注射器开始静脉注射吸毒。“我现在才知道，静脉注射很容易感染艾滋病。”之后，小丰在一次吸毒中被抓，被警方强制戒毒6个月，同年，他被查出感染了艾滋病病毒。

请思考：

1.毒品的危害有哪些？

2.如何做到远离毒品？

青少年充满朝气和活力，有很强的学习能力，但是对未知的社会也充满了幻想，甚至有许多孩子因为猎奇心理，过早地吸烟、喝酒，甚至是吸毒。这些行为都会影响学生的身体健康，影响学习生活，而吸毒更是会毁掉一个人的人生和一个家庭的幸福。因此，学生一定要珍爱生命，远离毒品、远离烟酒。

一、远离毒品

毒品对人类社会的危害极大，不仅摧毁人的意志、人格及良知，严重危害健康，而且使人犯罪，是社会不安定的重要因素。吸毒使人道德泯灭，人格扭曲，不顾念亲情，抛却社会责任感，以致许多家庭妻离子散、骨肉相残。因此，所有人都应该珍爱生命，远离毒品。

（一）毒品及其危害

1.吸毒对社会的危害

（1）对家庭的危害。家庭中一旦出现了吸毒者，家便不能称为家了。吸毒者在自我毁灭的同时，也在毁害自己的家庭，使家庭陷入负债累累、亲属离散，甚至家破人亡的困难境地。

（2）对社会生产力的巨大破坏。吸毒首先导致身体出现各种疾病，影响劳动能力；其次是造成社会财富的巨大损失和浪费。

（3）毒品活动扰乱社会治安。毒品活动加剧诱发了各种违法犯罪活动，扰乱了社会治安，给社会安定带来巨大威胁。

知识链接

毒品犯罪的相关法律规定

1.毒品犯罪的相关法律规定有《刑法》第三百四十七条、第三百四十八条、第三百四十九条等法条规定，毒品犯罪是一个统称罪名，具体包括走私、贩卖、运输、制造毒品罪、非法持有毒品罪、包庇毒品犯罪分子罪等。

2.法律依据:《刑法》第三百四十七条走私、贩卖、运输、制造毒品，无论数量多少，都应当追究刑事责任，予以刑事处罚。

走私、贩卖、运输、制造鸦片一千克以上、海洛因或者甲基苯丙胺五十克以上或者其他毒品数量大的，处十五年有期徒刑、无期徒刑或者死刑，并处没收财产。

3.根据我国刑法，毒品犯罪包括以下行为。

（1）走私、贩卖、运输、制造毒品；非法持有毒品。

（2）包庇毒品犯罪分子。

（3）窝藏、转移、隐瞒毒品、毒赃；走私制毒物品。

（4）非法买卖制毒物品。

（5）非法种植毒品原植物。

（6）非法买卖、运输、携带、持有毒品原种植种子、幼苗。

（7）引诱、教唆、欺骗他人吸毒。

（8）强迫他人吸毒；容留他人吸毒。

（9）非法提供麻醉药品、精神药品。

知识小课堂

缉毒英雄蔡晓东

2021 年 12 月 4 日下午，云南出入境边防检查总站西双版纳边境管理支队执法调查队副队长蔡晓东在执行边境缉毒任务时，面对疯狂开枪拒捕的毒贩，英勇无畏、不怕牺牲，冲锋在前、奋勇还击，不幸中弹壮烈牺牲，年仅 38 岁。

蔡晓东自 2006 年参加公安工作以来，长期奋战在边境缉毒斗争和打击跨境违法犯罪第一线，忠诚履职、顽强拼搏，出色完成各项工作任务，取得了突出的工作业绩。他不畏艰难、敢打敢拼，严厉打击涉毒违法犯罪，先后参与缉毒专项行动 358 次，侦办毒品案件 247 起，抓获犯罪嫌疑人 249 名，为维护边境稳定、保障人民群众生命财产安全作出了突出贡献；潜心钻研业务，锐意开拓进取，带领民警认真总结提炼各类技术战法，不断推动完善三级研判制度，努力构建“四组＋四源”工作机制，极大提升了管边控边能力，经验做法被推广到全国；全力服务一线执法办案，多措并举开展业务培训，不断提高民警执法办案水平，锻造出一支能打善战的过硬队伍；始终保持党员干部清正廉洁本色，舍小家、顾大家，全身心投入工作，以实际行动树立了人民警察的良好形象。

2.吸毒对身心的危害

无论用什么方式吸毒，对人的身体都会造成极大的损害。

（1）生理依赖性。毒品作用于人体，使人体体能产生适应性改变，形成在药物作用下的新的平衡状态。这是由于反复吸毒所造成的一种强烈的依赖性。一旦停掉药物，生理功能就会发生紊乱，出现一系列严重反应，称为戒断反应，使人感到非常痛苦。吸毒者为了避免戒断反应，就必须定时吸食毒品，并且不断加大剂量，使吸毒者终日离不开毒品。

（2）精神依赖性。毒品进入人体后作用于人的神经系统，使吸毒者出现一种渴求用药的强烈欲望，驱使吸毒者不顾一切地寻求和使用毒品。一旦出现精神依赖后，即使经过脱毒治疗，在急性期戒断反应基本控制后，要完全康复到原有生理机能往往也需要数月甚至数年的时间。更严重的是，对毒品的依赖性难以彻底消除。这是许多吸毒者一而再、再而三复吸的原因，也是世界医药学界尚未解决的课题。

（3）毒品危害人体的机理。我国目前流行最广、危害最严重的毒品是海洛因，海洛因属于阿片类药物。在正常人的脑内和体内一些器官，存在着内源性阿片肽和阿片受体。在正常情况下，内源性阿片肽作用于阿片受体，调节着人的情绪和行为。人在吸食海洛因后，抑制了内源性阿片肽的生成，逐渐形成在海洛因作用下的平衡状态，一旦停用就会出现不安、焦虑、忽冷忽热、起鸡皮疙瘩、流泪、流涕、出汗、恶心、呕吐、腹痛、腹泻等。这种戒断反应的痛苦，促使吸毒者为避免这种痛苦而千方百计地维持吸毒状态。冰毒和摇头丸在药理作用上属中枢兴奋药，毁坏人的神经中枢。

案例分享

吸“笑气”身亡

2020 年 5 月 18 日，吴兰（化名）穿着睡衣，趴在床上，嘴里死死地咬着一节吸管，吸管的另一头连着一个长约40厘米的钢瓶，床边留有血红色呕吐物。其室友王媛（化名）让开锁公司的人打开房门时发现，吴兰已经没有了呼吸。经警方鉴定，钢瓶、死者的体内均检测出"笑气"成分。一氧化二氮俗称"笑气"，常被用于制作奶油发泡剂、医用麻醉剂及燃料助燃剂。

王媛与吴兰是初中同学。吴兰常混迹于酒吧，慢慢接触到了"笑气"。"这不是毒品，玩一玩没事的。"吴兰曾向王媛描述吸食"笑气"的感受，"感觉头晕晕的，有种窒息感，很刺激，感觉忘记了一切烦恼。"刚开始，吴兰购买一瓶"笑气"足够吸一晚上。后来她的吸食量越来越大，一晚上可以吸三瓶。嘴巴咬上吸管，睡醒了就吸一口，然后接着睡。最终，吴兰付出了生命的代价。

知识链接

海洛因成瘾过程

海洛因成瘾有三个基本过程。一是耐药作用。当反复使用某种毒品时，机体对该毒品的反应性减弱，药效降低，为了达到与原来相等的药效，就要逐步增加剂量。二是身体依赖。在使用了一些毒品后，若突然停止吸毒，就会引起一系列综合症状，例如，若对海洛因上瘾，一旦停止使用就会流鼻涕，可能会感冒、发烧、腹泻或出现其他症状。三是心理依赖。它是指由于使用毒品产生的特殊心理效应，在精神上驱使其表现为一种对定期连续使用毒品的渴求和强迫行为，以获得心理上的满足和避免精神上的不适，正所谓"一朝吸毒，十年戒毒，终生想毒"。

（二）为什么戒毒难

1.心瘾的根源

吸毒一时快乐，戒毒终身痛苦。毒品为什么难戒，根源有两方面。一是吸毒所产生的幻想快感让人难以忘掉，当毒素在体内仍然存在的时候，这种记忆在大脑中会不断闪现、出现，让人回味，让人欲罢不能；二是毒瘾发作时所产生的痛苦非常人所能忍受。二者共存、痛苦并快乐着的感受是多数人难以戒断的根本原因。

2.复吸的原因

很多人之所以停吸一段时间后又复吸，根本原因就是未清除体内毒素，未能切断毒素在大脑中的活动，无法消除记忆，最后在幻想快感的诱惑下再次复吸。

3.根治心瘾的途径

快速止住毒瘾发作时的痛苦，清除体内积聚的毒素，抹去大脑中的毒素记忆，这三种途径同时进行，才能根治心瘾。

（三）为什么有人会吸毒

根据调查，导致吸毒的原因主要有以下几种。

（1）好奇心驱使。在调查报告中占第一位的原因是"体会感觉""抽着玩玩""试一试""尝新鲜"。这种"试一试"的念头往往就是走上吸毒不归路的开端。

（2）寻找刺激。吸毒时髦、气派、富有，特别是一些先富起来的个体老板，认为该享受的全体验过了，抽一口，不枉来一世。只要一抽上，富有很快就变成贫穷，百万富翁沦为乞丐的案例多不胜数。

（3）逆反心理。有人想为吸毒者作戒毒榜样，导致吸毒后戒不了；有人被激将而吸毒，特别是个性极强的人往往容易被自信心所蒙蔽。

（4）被欺骗、引诱。不少吸毒者是在毫不知情的情况下被欺骗吸毒，吸几次后找到了快感而无法自拔。不少毒贩为扩大毒网，经常利用青少年学生的无知而多方引诱。

（5）环境影响。多见于家庭亲友影响，所谓近墨者黑。

（6）负面生活事件影响。感情脆弱、意志薄弱的人更容易受到外界影响。夫妻感情不和、失恋、父母离异、事业受挫、经营破产、失业待业等引起的苦闷、情绪低落，试图以毒麻醉自己，解脱苦恼。

（7）医源性成瘾。由于国家对于麻醉品控制较多，现在医源性药物成瘾已不多见。

（四）怎样防范吸毒

（1）不结交有吸毒、贩毒行为的朋友，不听信他们的谗言。

（2）不进入治安差的场所，如歌厅、网吧等，如果出入娱乐场所，与陌生人接触要谨慎，不接受陌生人提供的香烟、饮料，离开座位要有人看好饮料、食物，不接受摇头丸、K粉等兴奋剂。

（3）不虚荣、不寻求刺激、不赶时髦、不追求所谓的享受。

（4）不轻信毒品可以治病、摆脱痛苦和烦恼的花言巧语。

（5）养成良好的习惯，不滥用减肥药、兴奋剂等药品。

（6）了解毒品的种类及危害，不以身试毒。

（7）如果感觉自己有类似吸毒症状，及时与有关部门联系。

案例分享

一位吸毒者的自述

上海市强制隔离戒毒所在押戒毒人员刘某讲述了他的故事。回首吸毒的经历，他痛彻心扉，泪流满面，追悔莫及。从耍酷、好奇、无知无畏地吸上第一口开始，罪恶的毒品便不断诱他深陷，不能自拔。

刘某的家庭经济条件优越，就读于上海一所很好的大学，在读大学时第一次接触毒品，以下是他的自述。

同学说“那个”能让人身心愉悦，做事专注。那时候正好备考英语六级，要多看书，就吸了。后来发现原来身边挺多同学吸这个，有的在租来的房间吸，有的在酒店里吸，吃饭时也会交流一些吸毒的经历，比如每次玩多长时间，玩多少克，几天玩一次……就像在谈当下一个很流行的东西，所以我对它的危害也没在意。

吸食完冰毒以后，精神非常亢奋，也没有饿的感觉，可以三四天不吃东西。但是冰毒主要是损伤神经，吸过之后总会疑神疑鬼，感觉后面有人跟踪，想谋害自己，看到两个人在小声说话，就会疑心他们在说自己。冰毒对牙齿和头发也不好，我掉了半颗牙，因为总觉得有个东西卡在里面，时不时就想用牙签或其他东西去捅、刮，其实里面什么也没有……进来以后，我才知道毒品的可怕，有些年纪不大的人一口牙已经掉光了。

我也知道这样不好，特别是大学毕业时，父亲让我去他的公司，我想如果让别人知道了，不太好跟家里人交代，就努力戒掉了。戒毒的时候很难受，起初食量非常大，而且非常嗜睡，一睡就是二十多个小时，甚至三十多个小时，起来之后仍旧浑浑噩噩的，很疲惫。这样持续了两周左右。

吸毒和戒毒的时候整天慌慌的，想各种谎言搪塞家人。家里人问，怎么不吃东西？我就借口说最近不饿；要是吃得多了，我就说最近锻炼身体。我家里管教一直很严，父亲直到现在都觉得我吸毒是件难以接受的事。

那天民警敲门的时候，我母亲问什么事情，民警就问我有没有在家，我母亲一愣。然后他们直接就进到家里面来，说需要调查，让我配合一下。然后说你儿子可能涉嫌吸毒。母亲很震惊，说怎么会有这种事情？她没有痛哭流涕，因为难以置信。我父母觉得他们的儿子不可能去触碰这些东西。

我走时很平淡地对他们说了一句“可能是有”，当时有侥幸心理，因为抓我的时候我已经有一周没有碰毒品，母亲当时就挺急的。

我自己也很震惊，说实在的，我也怕，因为无法想象自己要在一个地方关两年，当民警让我签下这个单子的时候，我晕了一下，突然浑身就软了，觉得自己犯了一个严重的错误，对不起父母。

我想过，出去以后要努力让生活变得充实，生活充实了，就不会再去想这些东西了，有些人出去后，觉得生活空荡荡的，就会一而再、再而三地碰它，然后又会进来。我最担心的是两年后出去，会与社会脱节，因为这个社会变化太快了。

二、远离烟酒

（一）吸烟的危害

吸烟有害健康，这是人人皆知的常识，就连香烟盒上也写着这样的警示语。可是校园里正值青春年少的学生染上吸烟恶习的现象却有所增加。研究发现，几乎有一半长期使用烟草的烟民死于与吸烟有关的疾病，他们至少因吸烟减寿 10 ～ 15 岁。以下有两个典型的例子很能说明问题。英国一个长期吸烟的 40 岁男子，因从事一项十分紧急的工作，一夜吸了 14 支雪茄和 40 支香烟，早晨感到难受不堪，送医后经抢救无效死去。另一个例子是法国一个俱乐部举行吸烟比赛，优胜者吸了 60 支烟，但还未来得及领奖即死去，其他参赛者也都因生命垂危被送到医院抢救。从图 2-2 中可以看到，健康人的肺（图左）和吸烟者的肺（图右）的对比有多么明显。

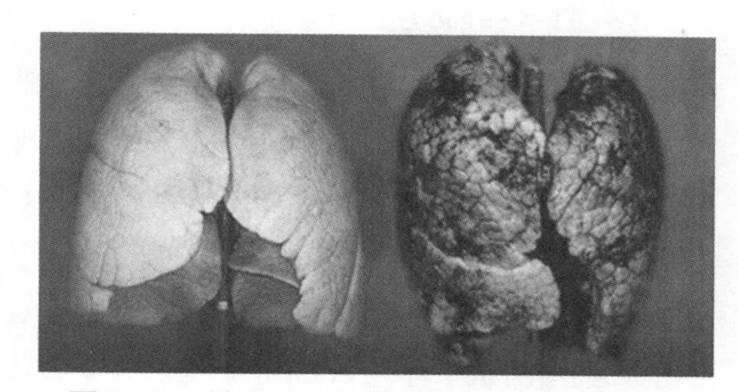

图 2-2　健康人的肺（图左）和吸烟者的肺（图右）对比

学生只有对香烟的危害性有正确、全面的认识，才能自觉抵制香烟的诱惑。

1.烟草烟雾中的有害成分及其危害

吸食香烟的过程中，烟草在不完全燃烧时会发生一系列的化学反应，形成大量新的物质，其化学成分很复杂，从烟雾中分离出的有害成分达3000余种，其中主要有毒物质为尼古丁（烟碱）、烟焦油、一氧化碳、氢氰酸、氨及芳香化合物等（表2-2）。

表2-2　烟草中的主要有害成分及其危害

成分	危害	实例
尼古丁	难闻、味苦、无色透明的油质液体，在空气中极易氧化成暗灰色，通过口、鼻、支气管黏膜很容易被机体吸收，是一种会使人成瘾的物质	实验表明：1支香烟中的尼古丁可毒死一只小白鼠；5支香烟中的尼古丁可毒死一条金鱼；20支香烟中的尼古丁可毒死一头牛
烟焦油	由几种物质混合组成，在肺中会浓缩成一种黏性、能致癌的物质。这也是导致慢性支气管炎和肺气肿的主要原因	一个每天吸15～20支香烟的人，其患肺癌、口腔癌或喉癌致死的概率，要比不吸烟的人高14倍
一氧化碳	非常容易与红细胞中的血红蛋白结合，使红细胞降低携氧能力，从而加重心脏的负担	导致心脏病的发作，严重时会导致人的死亡

从图2-3中可以直观地看到，吸烟产生的有毒物质很多。

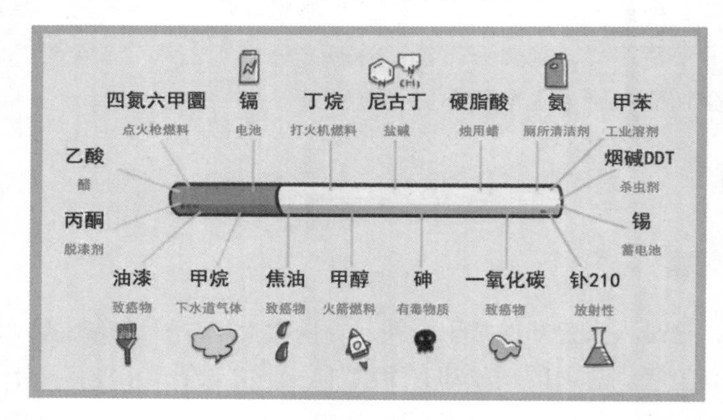

图2-3　吸烟产生的有毒物质

2.自觉抵制吸烟与戒烟方法

（1）青少年应自觉抵制吸烟的诱惑，要清楚地认识到吸烟对人的危害是多方面的。

①生理方面。青少年仍处在长身体的青春期阶段，身体各器官系统还没有发育成熟，对香烟烟雾危害的抵抗力还比较弱，容易遭受香烟烟雾的伤害。据研究，青少年吸烟成瘾可能引起思维过程的严重退化和智力功能的损伤，严重的会导致思维中断和记忆障碍，吸烟者的联想、记忆、想象、计算、辨认力、智力效能比不吸烟者降低10%左右，而且注意力难以集中。

②经济方面。学生在经济上几乎完全依赖于父母的支持，并不具备独立自主、自食其力的能力。吸烟的学生一旦发生“经济危机”，往往会采取一些非法的手段，如偷家里的或他人的烟与钱，甚至不惜抢劫、敲诈勒索，做出违法乱纪的行为。

③道德方面。吸烟不但危害身体健康，污染空气，还损害周围人群的健康。可以说，在公共场所吸烟是很不道德的行为。

案例分享

吸烟险酿火灾

张凯（化名）就读于北京某高校，平时有吸烟的习惯。某日上午，张凯正躺在床上吸烟，突然觉得肚子有点饿，随手扔掉烟头就去食堂买饭吃。回来后发现公寓楼下围了很多同学，抬头一看才发现宿舍的窗户冒出浓烟。张凯心中燃起一种不祥的预感，赶紧跑回宿舍，看到门口堆着一床被褥，上面有两个火烧的大黑窟窿，楼道内充斥着焦糊的味道。果真是张凯的烟头引起的事故，幸亏舍友及时发现，将点燃的被子拖出宿舍用冷水浇灭。

（2）青少年如果已经开始吸烟，可以尝试用以下方法进行戒烟。

①将戒烟的好处写在纸上，经常阅读。

②将自己很想买的东西写下来，按其价格计算相同数量价钱对应香烟的花费。

③不整条买烟，减少购买烟的数量。

④不随身带烟、火柴、打火机。

⑤经常回顾烟雾中毒素对肺、肾和血的伤害。

⑥向朋友和家人保证戒烟，请他们进行监督。

⑦逐渐延长两次吸烟之间的时间间隔，从而降低吸烟的频率。

⑧万事开头难，一旦决定戒烟，就从决定的那一刻起不再碰烟。

⑨让香烟、烟灰缸、打火机等与烟有关的物品消失在自己的生活中。

⑩不要去以前经常吸烟的场所，避免惹起烟瘾。

⑪万一真忍不住，就立刻做其他的事转移注意力。

（二）饮酒的危害

青少年正处于青春叛逆期，在这样一个生理心理发育的特殊阶段，不正常的心理因素导致或助长了个别青少年的饮酒行为。饮酒对青少年的身体和心理发育危害极大。

1.青少年饮酒的六大危害

（1）酒精的摄入影响到饮酒青少年的身体健康、学校功课或工作表现，影响到其处理愤怒、焦躁或沮丧等情绪的能力；同时也影响到自己与家人、朋友沟通的能力。

（2）青少年发育尚未完全，各器官功能尚不完备，对酒精的耐受力低，肝脏处理酒精的能力差，因而更容易发生酒精中毒及脏器功能损害，可能埋下肝硬化、胃癌等疾病隐患。经常饮酒，容易患酒精中毒性肝炎和脂肪肝，最终发展为肝硬化。据研究分析，常饮烈性酒的人约有70%的概率会患慢性胃炎，约50%会患消化不良症，并且会诱发食管癌、胃癌、胰腺癌等。长期饮酒，可引起营养和代谢失调，造成蛋白质、维生素及矿物质供应不足，损害牙齿，影响青少年的生长发育。

（3）酒精对人的中枢神经系统的危害最严重，对中枢神经系统的作用是先兴奋再抑制。如果饮酒过多，就会脸红，乱说话，站立不稳以至醉倒、呕吐等。随之昏睡，面色苍白，血压下降，最后陷入昏迷，严重的还会引起呼吸困难、窒息，造成酒精中毒死亡。青少年由于视神经尚未发育完善，当血液中酒精浓度过高时，可引起严重视力减弱，甚至发生复视。酒精不仅能让神经反射的速度显著减慢，而且对脑细胞损害也相当大，对大脑发育极为不利，造成学习效率降低，在各项比赛中难以创造出理想的成绩，还容易在体育竞技类比赛中发生意外事故。

（4）青少年饮酒，还容易引起肌肉无力，性发育早熟。女孩还容易未老先衰。

（5）长期饮酒会使人的身体系统对酒产生依赖。如果在饮酒的同时因病服食抗生素，会有生命危险。调查表明，青少年吸烟和饮酒行为互相作用，因为烟中的尼古丁能溶于酒精，使人体内的尼古丁含量更高，危害也更大，有这种习惯的人极容易患喉癌。

（6）青少年神经系统还较稚嫩，自制能力差，酒后易行为失控，容易产生某些心理疾病，如心理脆弱或者智力缺陷，据研究推算，经常饮酒者大约有15%的概率可发展为各种精神病。青少年饮酒还可能诱发各种事故甚至危及生命，如与人争斗致人受伤、擅自驾车引起车祸等。交通事故大部分都与饮酒有关。

案例分享

饮酒引发斗殴

小林（化名）是福建某学院2017级建筑系学生，小杨（化名）是该学院2019级计算机系学生。某天晚上，小林与几位同学到校外喝酒，此时，小杨也正与几位同学在附近喝酒。两拨人喝得酒酣耳热，因嫌对方喝酒说话声大，发生了争吵并相互推搡，被劝开后，双方都准备离开时又发生口角并引发搏斗。小林冲向小杨，朝小杨的面部击打，小杨当即后脑着地倒下，小林对倒下的小杨又是一阵殴打。之后，小杨被送往医院抢救，结果因伤势过重变成植物人，最终小林家人赔偿给小杨家30万元，小林因故意伤害罪被判刑。

2.饮酒过量的应对措施

一旦发现有人饮酒过量，应立即阻止其继续饮酒，对于醉酒者，应使其保持平躺，用湿毛巾蒙住额头，安静休息，并让其饮用加少许醋的温开水。如果有呕吐反应，则任其直起身呕吐；倘若吐不出来，可用手指伸进喉头强迫呕吐。千万注意，不要让秽物堵塞气管，以免窒息死亡。如果呕吐物中带血，或有其他严重的症状，应立即将其送到附近医院救治，以免造成更大的伤害。

课后拓展

新型毒品

所谓新型毒品，是相对鸦片、海洛因等传统毒品而言，主要指人工化学合成的致幻剂、兴奋剂类毒品，是由国际禁毒公约和我国法律法规所规定管制的、直接作用于人的中枢神经系统，使人兴奋或抑制，连续使用能使人产生依赖性的精神药品（毒品）。

（一）新型毒品与传统毒品的区别

（1）新型毒品大部分是通过人工合成的化学合成类毒品，而鸦片、海洛因等麻醉药品主要是罂粟等毒品原植物再加工的半合成类毒品。所以新型毒品又叫“实验室毒品”“化学合成毒品”。

（2）新型毒品对人体主要有兴奋、抑制或致幻的作用，而鸦片、海洛因等传统的麻醉药品对人体则主要以“镇痛”“镇静”为主。

（3）海洛因等传统毒品多采用吸烟式或注射等方法吸食滥用；新型毒品大多为片剂或粉末，吸食者多采用口服或鼻吸式，具有较强的隐蔽性。

（4）海洛因等传统毒品吸食者一般是在吸食前犯罪，由于对毒品的强烈渴求，为了获取毒资而去杀人、抢劫、盗窃；而冰毒、摇头丸等新型毒品吸食者一般由于在吸食后会出现幻觉、极度的兴奋、抑郁等精神病症状，从而导致行为失控造成暴力犯罪。

（二）新型毒品的种类

由于科学技术和制药工业的进步和发展，精神药物的范围和种类不是固定不变的，新型毒品的品种也将不断增多。

根据新型毒品的毒理学性质，可以将其分为以下四类。

第一类以中枢兴奋作用为主，代表物质是包括甲基苯丙胺（俗称冰毒）在内的苯丙胺类兴奋剂。

第二类是致幻剂，代表物质有麦角乙二胺（LSD）、麦司卡林和分离性麻醉剂（苯环利定和氯胺酮）。

第三类兼具兴奋和致幻作用，代表物质是二亚甲基双氧安非他明（MDMA，我国俗称摇头丸）。

第四类是一些以中枢抑制作用为主的物质，包括三唑仑、氟硝安定和 γ-羟基丁酸等。

1.冰毒

性状：外观为纯白结晶体，晶莹剔透，故被吸毒、贩毒者称为“冰”。由于对人体的中枢神经系统具有极强的刺激作用，且毒性剧烈，人们又称之为“冰毒”。冰毒的精神依赖性极强，已成为目前国际上危害最大的毒品之一。

滥用方式：口服、鼻吸。

吸食危害：吸食后会产生强烈的生理兴奋，能大量消耗人的体力和降低免疫功能，严重损害心脏、大脑组织甚至导致死亡。吸食成瘾者还会造成精神障碍，表现出妄想、好斗等。

2.摇头丸

性状：以MDMA、MDA等苯丙胺类兴奋剂为主要成分，由于滥用者服用后可出现长时间难以控制随音乐剧烈摆动头部的现象，故称为摇头丸。外观多呈片剂，形状多样，五颜六色。

吸食危害：摇头丸具有兴奋和致幻双重作用，在药物的作用下，用药者的时间概念和认知出现混乱，表现出超乎寻常的活跃，整夜狂舞，不知疲劳。同时，在幻觉作用下使人行为失控，常常引发集体淫乱、自残与攻击行为，并可诱发精神分裂症及急性心脑疾病。

3.K粉

通用名称——氯胺酮。

性状：静脉全麻药，有时也可作兽用麻醉药。一般人只要足量接触两三次即可上瘾，是一种很危险的精神药品。K粉外观上是白色结晶性粉末，无臭，易溶于水，可随意勾兑进饮料、

红酒中服下。

吸食反应：服药开始时身体瘫软，一旦接触到节奏狂放的音乐，便会条件反射般强烈扭动、手舞足蹈，“狂劲”一般会持续数小时甚至更长，直到药性渐散身体虚脱为止。

吸食危害：氯胺酮具有很强的依赖性，服用后会产生意识与感觉的分离状态，导致神经中毒反应、幻觉和精神分裂症状，表现为头昏、精神错乱、过度兴奋、幻觉、幻视、幻听、运动功能障碍、抑郁以及出现怪异和危险行为。同时对记忆和思维能力都造成严重损害。

4.咖啡因

来源：化学合成或从茶叶、咖啡果中提炼出来的一种生物碱。

性状：适度地使用有祛疲劳、兴奋神经的作用。

滥用方式：吸食、注射。

吸食危害：大剂量长期使用会对人体造成损害，引起惊厥、导致心律失常，并可加重或诱发消化性肠道溃疡，甚至导致吸食者下一代智能低下、肢体畸形，同时具有成瘾性，一旦停用会出现精神萎顿，浑身困乏疲软等各种戒断症状。咖啡因被列入国家管制的精神药品范围。

5.安纳咖

通用名称——苯甲酸钠咖啡因。

性状：由苯甲酸钠和咖啡因以近似一比一的比例配制而成，外观常为针剂。

吸食危害：长期使用安纳咖，除了会产生药物耐受性需要不断加大用药剂量外，也有与咖啡因相似的药物依赖性和毒副作用。

6.氟硝安定

性状：属苯二氮卓类镇静催眠药，俗称“十字架”。

吸食反应：镇静、催眠作用较强，诱导睡眠迅速，可持续睡眠5～7小时。氟硝安定通常与酒精合并滥用，滥用后可使受害者在药物作用下无能力反抗而被强奸和抢劫，并对所发生的事情失忆。氟硝安定与酒精和其他镇静催眠药合用后可导致中毒死亡。

7.麦角乙二胺

性状：无色、无味，最初多制成胶囊包装。目前最为常见的是以吸水纸的形式出现，也有发现以丸剂（黑芝麻）形式销售。

吸食危害：麦角乙二胺是已知药力最强的致幻剂，极易为人体吸收。服用后会产生幻视、幻听和幻觉，出现惊惶失措、思想迷乱、疑神疑鬼、焦虑不安、行为失控和完全无助的精神错乱的症状。同时会导致失去方向感、辨别距离和时间的能力，因而导致身体严重受伤或死亡。

8.安眠酮

通用名称——甲喹酮，又称海米那，眠可欣。

性状：临床上适用于各种类型的失眠症，该药久用可成瘾，而且有些患者在服用一般治疗量后，能引起精神症状，该药已成为国内外滥用药物之一，20世纪80年代我国临床上已停止使用。合成的安眠酮一般为褐色、黑色或黑粒状的粉剂，非法生产的产品中可以看到药片状、胶囊状、粉状。

在西北地区，一些吸毒人员吸食一种叫作“忽悠悠”的毒品。这种“忽悠悠”药片的主要成分是安眠酮和麻黄素，分别是国家管制的一类精神药品和易制毒化学品。因服用这两种药片后会产生打磕睡、似酒醉、走起路来摇摇晃晃的状态，故叫“忽悠悠”。

9.三唑仑

性状：又名海乐神、酣乐欣，淡蓝色片。是一种强烈的麻醉药品，口服后可以迅速使人昏迷晕倒，故俗称迷药、蒙汗药、迷魂药。无色无味，可以伴随酒精类共同服用，也可溶于水及各种饮料中。

吸食反应：药效比普通安定强 45 ～ 100 倍，服用 5 ～ 10 分钟即可见效，用药 2 片致眠效果可以达到六小时以上，昏睡期间对外界无任何知觉。服用后还会使人出现狂躁、好斗甚至人性改变等情况。

10.γ-羟基丁酸（GHB）

性状：又称“液体迷魂药”或“G”毒，在香港又叫做“fing霸”“迷奸水”，是一种无色、无味、无臭的液体。

吸食反应：使用后可导致意识丧失、心率缓慢、呼吸抑制、痉挛、体温下降、恶心、呕吐、昏迷或其他疾病发作。特别是当与苯丙胺类中枢神经兴奋剂合用时，危险性增加。与酒精等其他中枢神经抑制剂合用可出现恶心和呼吸困难，甚至死亡。

吸食危害：吸食者服用后可出现性欲增强的特点并快速产生睡意，苏醒后会出现短暂性记忆缺失，即对昏迷期间发生的任何事件无记忆，常被犯罪分子利用实施强奸。

11.丁丙诺啡

性状：又名沙菲片。主要作用是镇痛，能暂时缓解吸毒者在毒瘾发作时的症状，通常被戒毒所用在对戒毒者短期与早期脱毒替代治疗上。属于国家管制的二类精神药品。

吸食反应：吸食后头晕、头痛、恶心、呕吐、嗜睡、晕厥、呼吸抑制，连续使用能使人产生依赖性。

12.麦司卡林

来源：由生长在墨西哥北部与美国西南部的干旱地一种仙人掌的种籽、花球中提取。

通用名称：三甲氧苯乙胺，是苯乙胺的衍生物。

吸食反应：服用后出现幻觉，并引起恶心、呕吐。

吸食危害：主要是导致精神恍惚，服用者可发展为迁延性精神病，还会出现攻击性及自杀、自残等行为。

13.苯环利定（PCP）

性状：也称普斯普剂，是一种有麻醉作用的致幻类药物。

滥用方式：烟雾吸入、口服、静脉注射。

吸食反应：用药后 1 ～ 2 小时开始出现情绪不稳、兴奋躁动、失去痛感、神经麻木，继而注意力不能集中、产生思维障碍、逐渐出现幻觉，有的还因此导致进攻行为或自残行为。

14.止咳水

吸食反应：通常含有可待因、麻黄碱等成分，服用后会出现昏昏欲睡、便秘、恶心、情绪不稳定、睡眠失调等症状，大量服用能抑制呼吸。

吸食危害：长期服用可形成心理依赖，戒断症状类似海洛因毒品。吸食者往往最终转吸海洛因，才能满足毒瘾。过量滥用，可导致抽筋、神智失常、中毒性精神病、昏迷、心跳停止及

呼吸停顿引致窒息死亡。

15.迷幻蘑菇

性状：多为粉红色片剂，其迷幻成分主要由一种含毒性的菌类植物“毒蝇伞”制成。“毒蝇伞”生长在北欧、西伯利亚及马来西亚一带，属于带有神经性毒素的鹅膏菌科，含有刺激交感神经、与迷幻药LSD有相似的毒性成分。

吸食反应：药力持久，有吸食者称比摇头丸、K粉更强烈。吸食后即会出现健谈、性欲亢进等生理异常反应。

吸食危害：过量吸食会出现呕吐、腹泻、大量流汗、血压下降、哮喘、急性肾衰竭、休克等症状或因败血症猝死。心脏有问题的人服用后可导致休克或突然死亡。

16.地西泮

性状：又名安定。白色结晶性粉末。

吸食反应：适用治疗焦虑症及各种神经官能症、失眠、治疗癫痫。长期大量服用可产生耐受性并成瘾。

吸食危害：久服骤停可引起惊厥、震颤、痉挛、呕吐、出汗等戒断症状。用药过量有头痛、言语不清、震颤、心动徐缓、低血压、视力模糊及复视、嗜睡、疲乏、头昏及共济失调（走路不稳）等症状。超剂量可导致急性中毒，表现为动作失调、肌无力、言语不清、精神混乱、昏迷、反向减弱和呼吸抑制直至死亡等，也可引起精神错乱、关节肿胀、血压下降等。

思考与练习

1.青春期的男生和女生在生理上会有哪些变化？

2.青春期逆反心理有哪些表现？

3.男生和女生都应如何预防性侵害？

4.为什么戒毒很难？

第三章

心理健康教育

名人名言

一个永远不欣赏别人的人，也就是一个永远也不被别人欣赏的人。

——汪国真

千磨万击还坚劲，任尔东西南北风。

——郑板桥

第一节 建立良好人际关系

案例导入

复杂的宿舍关系

小颜（以下皆为化名）来自农村，经济条件不好，从上小学开始，就一直住在亲戚的家里，因为成绩优异，亲戚也特别宠爱她。她性格内向，经常独来独往。她现在的宿舍共4人（小颜、小红、小杨、小霞），4人的性格有很大的差异。刚开始的时候，彼此的关系还不错，后来相处时间长了，慢慢地出现了一些问题。舍友小红是班长，很多活动都由她组织，平时总喜欢征求别人的意见，而在大家看来小红心里其实早就有主意了；她对人很客气，做什么事情都显得很大方，但是经过一段时间的相处后，大家都感觉她很虚伪，给人一种很“假”的感觉；小红还有一个习惯，几乎每天都至少打1个小时的电话，即使是宿舍其他人都在学习或者休息时，她也照打不误。因为这件事，其他3人对小红都很有意见。但小杨和小霞只是私底下议论，只有小颜心里藏不住事情，因为很讨厌小红，所以表面上就对小红没有好脸色。由于小霞和小颜的关系还不错，因此不管有什么活动，小红都不告诉小颜和小霞，而小杨是“老好人”，她谁也不想得罪，所以什么也不说。小颜对小杨的这种做法感到很烦，所以就不理小杨或有时讽刺她几句。面对如此复杂的宿舍关系，小颜感到十分苦恼，她不知道要怎样才能处理好这些关系。

请思考：

1.如果你是小颜，你会怎么办？

2.你在学校生活中是否遇到过社交挫折？你是怎样处理的？

3.你在日常生活中是怎样处理人际关系的？

青少年时期是人际关系走向社会化的一个重要转折时期，会遇到各方面的人际关系，主要包括家庭关系、师生关系、同学关系、朋友关系。

一、人际关系的建立过程

社会心理学家奥尔特曼和泰勒认为，人际关系的建立一般需要由浅入深地经过定向、情感探索、感情交流和稳定交往四个阶段。学生要建立良好的人际关系，需要把握好这四个阶段。

（一）定向阶段

在此阶段，学生应增强自身人际吸引力，引起别人的交往兴趣，在初步沟通过程中给对方留下良好的第一印象，为以后关系的发展获得一个积极的定向。

（二）情感探索阶段

在此阶段，双方应不断发现和挖掘各自的特长和共性，向对方逐步表露自我。

（三）感情交流阶段

在此阶段，双方要保持真诚、相互理解，善于换位思考，克服以自我为中心的不良人格，才能维系良好的交往关系。

（四）稳定交往阶段

在此阶段，双方可以允许对方进入高度私密性的个人领域，分享各自的精神、物质空间，情感上也容易高度共鸣，成为人们常说的“知己”。

二、常见人际交往中的心理障碍

（一）自卑心理

自卑者常觉得自己不得志，不及别人，因此不愿意与人交往，特别是不愿意与比自己优秀的人交往，严重的甚至会发展到自我封闭、冷漠狭隘、人格扭曲。

（二）自恋心理

由于自恋者很少设身处地地去了解与关心他人，所以人际关系很淡薄，容易产生孤独和抑郁的心情。他们不切实际的高目标和高期望，常会使他们在各种事情上遭遇失败，进而心理受挫。

（三）嫉妒心理

一般的嫉妒心理，人皆有之，如果掌握得当，可以促使人去奋斗、进取，焕发出一种勇于超过别人的力量。然而，恶性的嫉妒心理却会给别人和自己带来伤害。这不仅影响自己的交际范围，而且会使得众人之间的关系变得紧张。

（四）猜疑心理

在与陌生人初次交往时，保持必要的戒备心是人之常情，但有的学生猜忌心理很重，对别人的言语行为常疑神疑鬼，时常引起不必要的人际冲突。这样的人喜欢对人际交往作出悲观的推测，认为天下人都不可信任，因而顾虑重重，甚至郁郁寡欢。

案例分享

孤独原来是自己造成的

小阳（化名）是某校新生，从未住过校的他特别看不惯宿舍里同学们的生活方式，随处乱扔衣物、熄灯后仍然高谈阔论，诸如此类的行为都让他感到十分的恼火。于是，他独来独往，以减少与同学们的交往。时间一长，他发现室友们都结伴而行，似乎忽视了他的存在，他又感到失落和孤独。渐渐地，他觉得室友们总是在他面前窃窃私语，似乎在议论他。他只要待在宿舍里，就感到异常压抑。他开始失眠，食欲下降，身体急剧消瘦，精神状态越来越差，最后竟然病倒了。然而，令他意外的是，在他住院期间，室友们经常来看望他、照顾他，这让他十分感动。于是，他把内心的苦闷告诉了同学们，这才明白原来这一切都是自己“想”出来的。他的室友们只是以为他不愿与他们交往，并不知道由此引发了他内心如此激烈的震荡。

（五）恐惧心理

恐惧心理是指在社会交往中带有恐惧色彩的情绪体验，严重者会表现为社交恐惧症。这种心理障碍会妨碍自身与他人的正常交往，影响良好人际关系的建立和健康个性的发展。

（六）害羞心理

害羞是人际交往中普遍存在的现象（图 3-1）。有调查显示，承认自己是因为害羞而不敢与人交往的学生占 49.75%。同时，另一项调查发现，在学生的人际交往中，首要的阻碍因素就是害羞心理。

图 3-1　害羞心理

三、建立良好人际关系的原则和技巧

（一）建立良好人际关系的基本原则

1.平等原则

平等是建立良好人际关系的前提，也是人际交往中最基本的原则。

2.真诚原则

真诚是人们进行人际交往的基本要求，是人与人之间建立信任关系的基础。

3.宽容原则

宽容并不是无原则地接受一切，而是在非原则性的问题上不斤斤计较。宽容是维系良好人际关系的纽带，也是增强人际吸引的要素。宽容他人，是对自己能力有信心和成熟的表现。

知识小课堂

六尺巷的由来

清朝宰相张英（1637 ~ 1708 年）的邻居建房，因宅基地和张家发生了争执，张英家人飞书京城，希望相爷打个招呼“摆平”邻家。张英看完家书淡淡一笑，在家书上回复：“千里家书只为墙，让他三尺又何妨；万里长城今犹在，不见当年秦始皇。”家人看后甚感羞愧，便按张英之意退让三尺宅基地，邻家见张英如此豁达谦让，深受感动，亦退让三尺，遂成六尺巷。这条巷子现存于安徽省桐城市内，成为中华民族宽容礼让传统美德的见证。

4.诚信原则

诚信是交往的潜在力量，也是人与人之间相互信赖的前提和基础。

5.互利原则

人与人之间的交往本质上不同于简单的物质交换，而是精神、情感等方面的交换。只有双方在交往过程中都能够满足各自的需求，才能保持良好的互动。单方面付出、索取，或是只想少付出多收获，都不会得到良好、稳定的人际关系。

案例分享

没有互利 友谊降温

琳琳（化名）是一名外地转学生，在学校里人生地不熟，同学小丹（化名）是本地人，对她照顾有加，带着她去逛街，去吃本地的特色小吃，周末还经常请琳琳到自己家吃饭……

有一次小丹的母亲生病住了院，周末时小丹中午要给母亲送饭，但又着急要去学校送一份申请书，她打电话给琳琳，说：“我妈生病住院了，我现在要赶过去给她送饭，你能帮我把申请书送到张老师那吗？”但琳琳以有事拒绝了。小丹很难过：“我妈生病住院了，你不但问都不问一句，连这点小忙都不帮。”从此，她们之间的朋友关系渐渐降温了。

6.适度原则

每个人都有各自的性格特征，有相似性也有特殊性，需要找到自己与他人交往的适当距离，距离过近或过远都会让彼此感觉不舒服。适当的距离可以既满足人与人之间的沟通、交流需求，又得以保留相对自我的独立空间，让双方都觉得温暖、舒服、放松。

（二）建立良好人际关系的技巧

1.重视第一印象

人际交往中存在“首因效应”。首因效应是指在人际交往中，第一印象会在相当长的时间里一直直接影响人们对交往对象的评价和看法。所以，如果在首次交往中给对方留下诚恳、热情、大方的印象，双方进一步的交往就有了良好的基础。

知识链接

第一印象实验

社会心理学家十分重视与人交往的最初阶段，并提出了“第一印象”的概念，强调在与陌生人交往中最初印象的重要性，它对人们以后的交往有着重要的影响。美国社会心理学家阿希

于1946年以学生为研究对象做过一个实验。他让两组学生评定对一个人总的印象。对第一组学生，他告诉他们，这个人的特点是“聪慧、勤奋、冲动、爱批评人、固执、妒忌”。很显然，这6个特征的排列顺序是从肯定到否定。对第二组大学生，阿希所用的仍然是这6个特征，但排列顺序正好相反，是从否定到肯定。研究结果发现，学生们对被评价者所形成的印象受到特征呈现顺序的高度影响。先接受了肯定信息的第一组学生对被评价者的印象远远优于先接受了否定信息的第二组。这意味着最初印象有着高度的稳定性，后继信息甚至不能使其发生根本性的改变。

2.寻找共同话题

要使交往顺利进行，选择话题很重要。最好事先了解对方的兴趣与爱好或个人经历，谈论一些有共同语言的话题，这样能打破谈话的僵局，拉近双方的交往距离，为今后的交往打下良好的基础。

3.真诚、友善的微笑

微笑具有强大的感染力。在人际交往中，真诚、友善的微笑往往会给人留下深刻、美好的印象。

4.讲究语言艺术

学会用清晰、准确、简练、生动的语言表达自己的思想。赞扬他人要选准角度、恰如其分，态度要真诚；批评他人时要婉转温和，不要挫伤他人的自尊心。有时，可以用幽默的语言缓解尴尬的气氛，化解不必要的冲突。

知识链接

莫非的幽默

我国当代著名诗人莫非应邀到首都师范大学举办学术讲座。由于讲座地点是阶梯式教室，莫非在上台阶时一不留神一个趔趄摔倒在台阶上，学生们顿时哄堂大笑。莫非稳住身子，转向学生们，指着台阶，说：“你们看，上升一个台阶多么不易，生活是这样，作诗亦如此。”这番哲理性的话语顿时赢得了全场的热烈掌声。莫非笑了笑，接着说：“一次不成功不要紧，再努力！”说着，他装着很用力的样子走上讲台。

5.用心倾听

倾听是人际交往的法宝。在对方讲话时，要精神集中、表情专注，要不时地与对方进行目光交流，同时用点头、微笑等动作表示赞同。可以适当发问，但不要随意打断别人的谈话。要注意对方的情绪，即使是同样一句话，也会因为使用的语气、语调、肢体语言等的不同而表达出不同的情绪。

6.选择适当的交往距离

在交往的过程中，把握彼此关系的现状及对方的性格特征等要素，再于此基础上选择适当的交往距离，才能建立健康、良好的人际关系。

知识链接

刺猬法则

所谓“刺猬法则”，是说为了研究刺猬在寒冷冬天的生活习性，生物学家做了一个实验，把十几只刺猬放到户外的空地上，这些刺猬被冻得浑身发抖，为了取暖，它们只好紧紧地靠在一起，而相互靠拢后，又因为忍受不了彼此身上的长刺，很快就各自分开。可天气实在太冷了，它们又靠在一起取暖。然而，靠在一起时的刺痛又使它们不得不再度分开。挨得太近，身上会被刺痛；离得太远，又冻得难受。就这样反反复复地分与合，不断地在受冻与受刺之间挣扎。最后，刺猬们终于找到了一个适中的距离，既可以相互取暖，又不至于被彼此刺伤。刺猬法则强调的就是人际交往中的心理距离。这个法则指出，社会生活中的每个人都需要有个人空间，在交往过程中，要保持适当的人际交往距离。

7.记住对方的名字

在与对方初期交往时，能够记住对方的名字，会拉近双方之间的距离，增加双方之间的亲切感。记住对方的名字，是对他人的另一种方式的赞美和肯定。

8.主动问候对方

主动问候对方是一块试金石，如果对方也有交往的意愿，就会积极地回应；即使对方反应冷淡，自己也可以从中获得反馈，重新审视与其交往的程度和方式。无论结果如何，都不会有所损失。

9.换位思考

在处理交往中产生的问题时，应该经常自问：“如果我处在他的位置上，我会怎样处理？”经常站在对方的角度去理解和处理问题，就会有不同的认知和结果。与朋友相处时，要懂得求大同，存小异。

第二节　情绪与自我控制

案例导入

为什么朋友成绩好我会不开心？

小王（化名）在期末考试结束后得知自己成绩不理想，甚至有一科没有及格，心里非常难过。而小王最好的朋友小丽（化名）则兴高采烈地告诉小王，她的成绩是全班第一。小王听完更加难过，她看到小丽开心的样子，突然觉得小丽非常讨厌，本来班主任让她通知小丽去开会，此时她却不想告诉小丽了。她自己都觉得有些奇怪，本来跟小丽很要好，怎么听说她成绩第一，自己心里就很失落呢？

请思考：

1.小王为什么不想告诉小丽去开会的消息？

2.如果你是小王，你的心里会怎样想？

3.你平时是怎样控制自己的情绪的？

情绪是人的心理活动的重要表现，它取决于人的内心需要是否得到满足。人的情绪在某种程度上，还反映了人对外界事物的态度。从这个意义上讲，情绪是人的内心世界的“窗口”。

一、情绪的基本形式

人的情绪复杂多样，我国古代将情绪分为“七情”，即喜、怒、哀、惧、爱、恶、欲。近代研究中，把情绪分为快乐、愤怒、悲哀、恐惧四种基本形式（图 3-2）。

图 3-2 四种基本情绪

在快乐、愤怒、悲哀、恐惧这四种基本情绪中，快乐属于肯定的、积极的情绪体验，它对有机体具有积极的作用；而悲哀、愤怒、恐惧通常情况下属于消极的情绪体验，对人的学习、工作、健康具有消极的作用，因而应当把它们控制在适当的程度上。但在一定条件下，悲哀、愤怒、恐惧也可以起到积极的作用，如战士的愤怒有利于他们在战场上勇敢战斗；对可怕后果的恐惧有利于提高个体的责任感与警惕性；悲哀可使人“化悲痛为力量”，从而摆脱困境。

知识链接

学生情绪健康的标准

（1）热爱学习、热爱生活，具有获取知识、掌握技能以解决现实问题的能力。

（2）积极参与社会活动，能够克服生活中的困难与挫折，并获得快乐体验。

（3）保持健康，控制因身体疲劳、睡眠不足、头疼、消化不良、疾病等引起的情绪不稳定。

（4）能够找出方法应对挫折情境，缓解生活中的不愉快，解除情绪困扰。

（5）能够客观认识他人和自己的优势及不足，能够觉察自己的情绪，理解他人的情绪，乐于与他人交往。

（6）积极、乐观、愉快、稳定，对不良情绪具有调控能力，情绪反应适度，理智感、道德感、美感等高级社会情感能得到良好发展。

二、自我控制

1.移情法

移情法就是把注意力的焦点从引起不良情绪的刺激情境转移到其他事物或活动中。移情法大致分为三种。

（1）冷却情绪。当不良情绪膨胀，即将爆发时，减低说话的音量，放慢说话的语速，深呼吸，在心中默数50秒，有意使自己平静下来。情绪最易爆发的时间段一般在刺激点发生的30秒内，默数50秒后，人的怒气会自然减弱，有助于实现自我控制。

（2）转变环境。产生愤怒等不良情绪时，可以暂时离开产生情绪困扰的环境，最好是到宁静、舒适的环境中，如公园、景区或在情感上有特殊意义的安全空间。

（3）转移注意力。产生不良情绪时，可以将注意力转移到感兴趣的事物上去，如运动、唱歌、逛街、看电影等。

2.宣泄法

宣泄法就是通过各种方式将不良情绪释放出来，使心情得到缓解的方法。常用的宣泄方法有以下几种。

（1）哭泣。科学研究表明，哭泣时会产生某种生理物质，使人得到释放，恢复平静。在悲伤或委屈时痛哭一场，可以有效地缓解情绪。人在悲伤时刻意抑制不哭是对身体有害的。

（2）倾诉。遇到挫折、痛苦、委屈等不良情绪时，最好的方法是能够找到信任的亲人和好友，将心中的苦闷向他们倾诉，把内心的不良情绪释放出来。如果一时之间找不到合适的倾诉对象，也可以用身边熟悉的事物，如玩偶、大树、宠物等来充当。此外，还可以用写信、写日记的方式来抒发。

（3）运动。科学研究表明，运动有助于释放不良情绪，减缓心理压力。在受到不良情绪困扰时，可以尝试跑步、游泳、舞蹈、打沙包等方式来宣泄。

（4）模拟宣泄。模拟宣泄可以在专门的宣泄室（图3–3）中进行。宣泄室为情绪不佳者提供一个安全可控的空间，借助器具，通过击打、呐喊等方法，宣泄负面情绪和压力。

图3–3 宣泄室

3.自我暗示法

自我暗示法（图3–4）就是利用语言、合理想法等方式对自身进行积极的心理暗示，以达到缓解紧张状态、调整不良情绪的效果。常用的自我暗示方法有以下两种。

图 3-4 自我暗示法

（1）语言暗示。处于不良情绪时，可默念“生气是拿别人的错误来惩罚自己”；生气只会让气人者更高兴；身体是自己的，气大伤身；伤害自己的身体是愚蠢的表现等。

（2）合理理由暗示。在陷入不良情绪时，可以寻找合理的理由来进行自我安慰。这种方法可以冲淡痛苦，起到缓解不良情绪的作用。如失败时，暗示自己“失败是成功之母，下次就能成功了”；遭遇困难时，暗示自己“世界上比你处境艰难的人比比皆是，这点挫折算什么”等。

4.放松训练法

（1）音乐放松法。曲调和节奏不同的音乐可以使人产生不同的情绪体验。如忧郁烦恼时，可以听《蓝色多瑙河》《春江花月夜》《渔舟唱晚》等意境广阔、充满活力、轻松愉快的音乐；失眠时，可以听莫扎特的《摇篮曲》、门德尔松的《仲夏夜之梦》等优雅宁静的乐曲；情绪浮躁时，可以听《小夜曲》等悠扬舒缓的乐曲。每个人都可以根据自己的情绪状况，选择适合自己的音乐来调节自己的情绪。

（2）想象放松法。冥想是缓解压力的一种有效方法，冥想具有训练注意力、控制思维过程、提高处理情绪的能力和放松身体的作用。只要坚持练习，运用得当，冥想是应对压力、抑郁、烦恼，以及其他不良心理和情绪问题的最有效的方法之一。冥想时，选择一个幽雅宁静的环境，闭上眼睛，想象一些美好的事物，如广阔的大草原、慢慢涨落的海水、平静的湖面等，也可以回忆一些美好的经历，在想象的同时调整呼吸的节奏，最后慢慢张开眼睛。

（3）肌体放松法。通过肌体放松来缓解焦虑情绪，增强情绪控制能力。同时结合想象和音乐，可以达到全身松弛、轻松舒适、心情平静的效果。对于焦虑、恐惧、烦躁等不良情绪有很好的效果。

三、常见不良情绪的具体调节方法

（一）焦虑情绪的调节方法

（1）寻找根源。可以采用问答法，自问“我在焦虑什么”，拿出纸和笔来将自己的答案清楚地写下来，逐条进行分析，找到问题的根源。这个过程也是帮助自身释放和排解负面情绪的过程。

（2）适当调整期望值和自我要求。

（3）自我暗示。可以做些放松性的自我暗示，如“我能行”“问题一定会解决的”“困难只是暂时的”等，这样有利于形成自信的心理暗示。

（4）放松训练。觉得紧张、焦虑时，最简单的方法是进行深呼吸来放松。具体方法是站定后，双肩自然下垂闭上双眼，深吸一口气，然后慢慢地呼气。此外，青少年还可以参加自己喜欢的文娱体育及其他社会活动，或者听优美舒缓的轻音乐等。

案例分享

考试引发焦虑

15岁的学生李某学习很刻苦，但是成绩却不太理想。据李某所说，每到快要考试的时候，他都会比平常更努力，“开夜车”是常事。考试后又常因成绩不好而懊恼不已。久而久之，他心里很失望，并产生焦虑情绪，考试期间晚上都睡不好，不停想着白天的考试，越想越觉得自己又没有考好，内心非常自责。饮食上也很不注意，常常匆匆吃些东西就去自习室看书，可越看越觉得记不住，心慌得厉害。

班主任发现了李某的情况，知道李某陷入了考试焦虑状态，因此劝导李某适当调整对自己的期望值，多运动，多放松等等。慢慢地，李某摆脱了焦虑情绪，能够正确对待自己的成绩了。

（二）抑郁情绪的调节方法

（1）改变消极思维。

（2）增强自信心。要客观地评价自己和他人，认清自己的优势，相信“天生我材必有用”。

（3）加强交际。尽量多与人沟通，不拘泥于自我的“小天地”，尤其是多与性格开朗、充满活力的人接触。

（4）及时宣泄。最重要的释放方式就是与信赖的亲人或志同道合的朋友坦诚交谈。此外，还可以到僻静的地方，在不影响他人的前提下，大声吼叫，释放情绪。

（5）规律生活。早睡早起，有规律地起床、就寝、进餐、学习，规律作息既可以增强体质、放松心情、保持身心健康，又可以提高学习和工作效率，做事情更有条理性，增加自身的成就感。

（三）愤怒情绪的调节方法

（1）尝试自问。感觉要发怒时，先冷静下来想一想：是不是自己太自私了；是不是自己对别人要求过高了；是不是自己误解了别人的意思，还可以进行换位思考。

（2）妥善表达。要在权衡利弊后，妥善表达自己的想法，清楚地说明对方做的事对自己造成了怎样的影响和伤害。

（3）延迟发怒。如果总是在同一情况下发怒，可以先尝试推迟5秒再发怒，下一次再试着推迟10秒再发怒，之后逐渐增加延迟发怒的时间，直至怒气减弱或消失。

（四）嫉妒情绪的调节方法

（1）客观认识。既要客观认识到他人的优势和自身的不足，又要看到自身的长处和他人的缺点。

（2）转化情绪。要认识到，嫉妒不能给自己增加砝码，只会更突显自己的自私和狭隘。因此，何不把对对手的嫉妒转化为积极学习的动力，缩短与对手的距离，真正达到减弱乃至消除嫉妒的目的。

（3）发扬长处。通过学习，使自己在其他领域处于领先位置，成为他人羡慕、欣赏的对象，嫉妒别人的情绪自然会得到化解。

（五）自卑情绪的调节方法

（1）正确认知自我。仔细地剖析自己的优、缺点，不要妄自菲薄。真正理解“人无完人”，避免“我肯定不行”“别人都比我强”这样消极的心理暗示。

（2）树立自信。用欣赏的眼光来看待自己，不要总把目光集中在自己的缺点上，可以把自己的优点逐一列举出来，多关注自己的优点，建立自信心，放宽视野，发现一个全新的自我。

（3）勇敢交往。人的性格、品行等都存在差异，所以不要期望得到所有人的喜欢和善待，也不要因为少数人的刻薄和冷淡而封闭自己。要放下心理包袱，尝试友好地与他人交往。

案例分享

白岩松克服自卑

中央电视台著名节目主持人白岩松年轻时曾非常自卑。他从一个北方小镇考进北京的大学，上学的第一天，邻桌的女同学问他：“你从哪里来？”而这个问题正是他最忌讳的，因为在他的逻辑里，出生于小城镇，就意味着没见过世面。就因为这个女同学的问话，他一个学期都不敢和女同学说话。很长一段时间，自卑的阴影占据着他的心灵，每次照相，他都要下意识地戴上一个大墨镜，以掩饰自己的自卑。

时间久了，白岩松觉得这样下去不行，他是个学新闻的人，怎么能不跟其他人交流。他决定做出改变。他深刻地意识到，要想克服自卑，就一定要勇敢地认识和面对自己。可想而知，如果白岩松当年没有努力去克服自卑，那么他的人生一定会和如今截然相反。

知识链接

但我可以……

我改变不了现实，但我可以改变态度。
我改变不了过去，但我可以改变现状。
我不能控制他人，但我可以掌握自己。
我不能样样顺利，但我可以事事尽心。
我不能预知明天，但我可以把握今天。
我不能左右天气，但我可以改变心情。
我不能选择容貌，但我可以展现笑容。
我不能延伸生命的长度，但我可以决定生命的宽度。

第三节　在挫折下成长

案例导入

辩论失败，愈加自卑

许某，女，16岁，性格偏内向。在新学期开始后，她想一改以前颓废、自卑的精神面貌，做一个自信快乐的人。

一个月前，学校组织辩论赛，许某鼓起勇气报名当了一名辩手。正式辩论时，由于不自信，她表现得很糟糕，结结巴巴，愣是没有说出一句完整的话，结果所在辩论队输给对方。事后，她觉得全是因自己的过错而导致本队失利，认为自己的形象又一次被毁了，班级同学肯定都看不起自己；同时，她认为要是自己长得好看一些，就不致如此。自那以后，她喜欢将自己封闭起来，一个人独来独往，怕见到认识的老师和同学，一旦路上碰见熟人，往往离得很远就躲开走另外一条路，实在躲不开时就会低头假装没看见。跟同学关系也不好。每天睡觉前，许某总在想以前那些不开心的事情，有时会偷偷地躲在被窝里流泪，白天精神萎靡，觉得上学一点意思都没有，为此，她感到十分痛苦。

请思考：

1.如果你遇到上述案例中的挫折，会怎样处理？

2.你在日常生活中遇到过哪些挫折，你的反应如何？

挫折就是人的意志行为受到无法克服的干扰或阻碍，预定目标不能实现时所产生的一种紧张状态和情绪反应，也就是俗话说的“碰钉子”。

一、遇到挫折时的反应

（一）生理反应

人们遭受挫折后，交感神经系统的兴奋性会增强，消耗大量的能量，于是神经末梢释放生物信息，刺激心肌收缩力增强，血液循环加快，血压升高；刺激呼吸加快，以保证氧气供应；刺激各种激素分泌增加，促进蛋白质、脂肪、糖原分解。此外，还会出现如消化道蠕动减慢、胃肠液分泌减少等症状。如果长期处于挫折情境而得不到消解，则可能会引起身心病变，出现面色苍白、四肢发冷、心悸、腹胀等一系列症状。

（二）心理反应

人们遇到挫折时，可能出现的心理反应有以下几种。

（1）愤怒和敌意。

（2）焦虑与担忧。

（3）冷漠。这是一种压抑极深的痛苦情绪反应。

（4）压抑。压抑并不意味着问题的解决，有时被压抑的情绪会进入潜意识，之后通过其他途径变相表露出来。

（5）升华。以积极的心态看待挫折，将挫折转化为一种激励的力量。

（6）向下比较。遇到挫折的时候，人们有时会不自觉地和那些命运更差的人去比较，以消除心理的愤怒情绪，让自己心理获得一种平衡感。

（三）行为反应

人们遇到挫折时，可能出现的行为反应有以下几种。

（1）报复与攻击。

（2）退行。青少年遇到挫折时，心理活动和反应退回到个体早期发展水平，以幼稚的、不成熟的方式应对当前情境。例如，学生的活动计划如果受到家长或者老师的反对时，可能就会采取赌气、咒骂、暴食、疯狂购物、砸物，甚至出走等非积极、非成熟的方式去应对。

案例分享

批评就自杀

2021年4月9日上午，郑州某中学八年级十班学生向班主任反映，本班同学胡某将手机带到教室。当天上午10：05左右，班主任将胡某叫到办公室询问情况，同时通知胡某家长来学校配合处理此事。在班主任询问的过程中，胡某不承认自己将手机带入教室。为了弄清真实情况，班主任离开办公室，10：17，进入班级教室进一步了解情况。10：44，班主任从教室拿到了胡某的手机后，返回办公室，此时，胡某已离开办公室，不知去向。

10：41，校园保安发现胡某趴在教学楼前的地上，立即向总务处主任报告并拨打120急救电话。12：00左右，胡某经郑州市第二人民医院抢救无效后身亡。据了解，班主任并未对胡某说过任何过激话语，胡某的家庭生活也很和谐。面对一点挫折，学生竟然是这样的反应，落得如此结果，真是让所有人都感到痛心和惋惜。

（3）习得性无助。在现实生活中，青少年由于遭受多次挫折和打击，却不能克服苦难、战胜挫折，久而久之就会沮丧，从而倾向于放弃意志努力，听从命运的摆布。

知识链接

习得性无助

心理学家进行过这样一项实验：起初，心理学家把狗关在笼子里，只要蜂音器一响，就给予狗电击，而狗被关在笼子里逃避不了电击。经过多次实验后，在电击前，心理学家先把笼门打开，此时蜂音器一响，笼子里的狗不但不逃出去，反而不等电击出现就卧倒在地开始呻吟和颤抖。

本来可以主动逃避，却绝望地等待痛苦的来临，这就是“习得性无助”。

（4）补偿。有时，一个人因某方面的缺陷而无法达到期望目标时，会以其他方面的成功来弥补先前的遗憾与自卑。

（5）幽默。遇到挫折时，有些人会以看似轻松幽默的语言对挫折的原因或者遭受挫折以后的后果进行解说，使人的心理紧张或愤怒感暂时消失。

（6）宣泄。常见的宣泄方式有在空旷空间大吼大叫、摔打物品、打出气袋、跳舞、唱歌等。

二、挫折的应对策略

挫折的发生无可避免，但是，这并不意味着面对挫折无能为力。相反，能否正确看待挫折，并有意识地培养、锻炼自己的挫折容忍力，在一定程度上关系着学生今后的人生幸福和事业成败。

（一）端正认识，直面人生挫折

1.挫折是人生的必修课

社会的真实规则是“别人不会迁就你，不会以你为中心”。对于从小生活条件优越，且较少经历过挫折的学生来说，正确面对并深刻认识社会的复杂和人生的曲折，也许是首先需要了解的问题。

2.挫折是人生的宝贵财富

任何事物都具有两面性。尽管挫折使人难受，但它同时也是人生的宝贵财富，是促使人成长的必要条件。“宝剑锋从磨砺出，梅花香自苦寒来。”没有挫折的人生是苍白虚幻的人生，不经过挫折的磨炼，也就无法体会成功的喜悦和人生的幸福。

3.挫折是可以克服和战胜的

挫折是不可预知的，也是必然会经历的，但是，挫折却不是不可战胜的。古今中外，无数杰出的人先后以他们的人生经验，诠释着人类意志的力量。

知识小课堂

屠呦呦：成功，在 190 次失败之后

2015 年 10 月，中国科学家屠呦呦获得诺贝尔生理学或医学奖，获奖原因是她发现了青蒿素，该药品可以有效降低疟疾患者的死亡率。屠呦呦成为首获科学类诺贝尔奖的中国人。

1967 年，37 岁的屠呦呦开始抗疟疾药物的研究。她从整理历代医籍开始，四处走访老中医，做了 2000 多张资料卡片，经过对 200 多种中药的 380 多个提取物细致筛选，最后将焦点锁定在青蒿上。但大量实验发现，青蒿的抗疟效果并不理想。屠呦呦认为，很有可能是在高温情况下，青蒿的有效成分被破坏掉了。她改用乙醚制取青蒿提取物。在经历了 190 次失败之后，1971 年，屠呦呦课题组在第 191 次低沸点实验中终于发现了抗疟效果为 100%的青蒿提取物。

屠呦呦的成功，偶然中带着必然。这种必然就是无数次艰苦的试验，以及无数次失败后的不放弃。这种脚踏实地、不惧挫折、持之以恒的科研作风，正是一个科学家有所建树的精神基石。

（二）修身养性，提高心理素质

1.适应与调整

面对意外情况出现，必须及时调整自己的心态和目标，以适应这种改变。这种适应和调整，主要通过降低自我期望和改变行为目标实现。

2.忍耐和控制

凡是人生事业取得成功的人，无不是在逆境和挫折中善于忍耐。以下两种情况，需要学生学会忍耐：一是还不清楚事情的前因后果，没有充分掌握相关信息的时候，冲动很可能会造成误会和不可弥补的伤害；二是当挫折的力量强大而不能控制的时候，不满和愤怒的反应并不利于事情的解决。

知识链接

逆商

每个人在生活中都会不同程度地遭遇挫折，但人们在受挫折后恢复的能力却各不相同，有些人弹性十足，有些人受挫后一蹶不振，而大多数人则介于两者之间。保罗·斯托茨在20世纪90年代中期，率先提出了“逆境商数”（简称逆商）。逆商是人们面对逆境，在逆境中的成长能力的商数，用来测量每个人面对逆境时的应变能力和适应能力的大小。

心理学家认为，一个人事业成功必须具备高智商、高情商和高逆商这三个因素。在智商和情商都跟别人相差不大的情况下，逆商对一个人的事业成功起着决定性的作用。可口可乐的总裁罗伯特·古兹维塔就是一个高逆商的人。这位著名的古巴人随全家人匆匆逃离古巴，来到美国，身上只带了40美元和100张可口可乐的股票。同样是这个古巴人，40年后竟然能够领导可口可乐公司，让这家公司的股票在他退休时增长了7倍！整个可口可乐公司的市值增长了30倍！他在总结自己的成功历程时讲了这样一句话：“一个人即使走到了绝境，只要你有坚定的信念，抱着必胜的决心，你仍然还有成功的可能。”罗伯特·古兹维塔是高逆商的代表，他的一生经历了无数的坎坷，但都一次又一次地被他超越了。

3.放松训练

忍耐和控制并没有消除内在的紧张时，还需要对消极情绪进行疏导宣泄，如采取心理学中的放松训练法等。

知识链接

深呼吸放松法

采用鼻式呼吸、腹式呼吸。双肩自然下垂，慢慢闭上双眼，然后慢慢地、深深地吸气，吸到足够多时，憋气2秒钟，再把吸进去的气缓缓地呼出。配合呼吸的节奏给予一些暗示和指导语：“吸……呼……吸……呼……”呼气的时候尽量告诉自己“我现在很放松、很舒服”。注意感觉自己的呼气、吸气，体会“深深地吸进来，慢慢地呼出去”的感觉。重复做这样的呼吸20

遍，每天2次。这种方法虽然很简单，但效果比较明显。如果遇到紧张的场合或是不知道该怎么办、手足无措之时，不妨先做一次深呼吸让自己放松下来。

（三）平心静气，改善社会关系

1.处理好理想、期望与现实的关系

学生所遇到的很多挫折，比如学习、社交等，很大程度上存在目标和预期过高的现象。为此，在制订目标时，要尽可能地遵循现实的原则，不可好高骛远；当挫折出现时，也不要怨天尤人，应及时调整目标，降低期望，从而避免强烈的心理失衡。

2.处理好自我与他人的关系

为了顺利达成自己的目标，学生在制订自己的目标时，首先，需要考虑的是必须兼顾他人的权益，至少要以不损害他人利益为前提；其次，围绕着目标，尽可能考虑涉及的所有关系，事前处理好各种关系，尤其是不友好的关系，以保证目标过程的顺利进行。

3.处理好兴趣、爱好和专业学习的关系

有时，学生喜欢的学科，学校课程设置里面没有，而作为必修课的专业课程，常常是自己不喜欢的。而学习评价往往是围绕着学校课程设置而展开的，如果不能学好专业课，势必形成学习挫折。因此，学生应科学处理好个人的兴趣爱好和专业学习的关系。

（四）积极奋斗，改变客观条件

1.系统分析，科学决策

学生行动之前往往缺乏系统的考虑，所以也往往容易遇到预想不到的困难。这就需要学会系统思维，尽可能详尽地考虑行为各方面的因素，并周密安排。

2.善于争取，敢于抗争

挫折的人性本质在于意志不自由。因此，在面对各种挫折时，学生需要具有同命运抗争的勇气和精神，自觉改善自身发展的环境条件。

课后拓展

检验受挫能力的方法

每个人的生活中，都会遭受不同程度的挫折，人们在受挫后恢复的能力各不相同。有些人受挫后弹性十足，有些人受挫后则一蹶不振，而大多数人则介于两者之间。通过回答下列问题，可以测验出你应对困境的能力。在回答这些问题时，请你用“同意”或“不同意”作答。回答越坦白，越能测验出你的受挫弹性。

1.胜利就是一切。

2.我基本上是个幸运儿。

3.白天学习、生活不顺利，会影响我整晚的心境。

4.一个连续两年都名列最后的球队，应退出比赛。

5.我喜欢雨天，因为雨后常是阳光普照。

6.如果某人擅自动用我的东西，我会气上一段时间。

7.汽车经过时，溅我一身泥水，我生气一会儿便算了。

8.只要我继续努力，一定会得到应有的回报。

9.如果有流行感冒，我常常是第一个被感染的人。

10.如果不是因为几次霉运，我一定比现在更有成就。

11.失败并不可耻。

12.我是有自信心的人。

13.落在最后，常叫人提不起竞争心。

14.我喜欢冒险。

15.假期过后，我需要舒缓一天，才能恢复常态。

16.遭遇到的每一个否定，都使我更进一步接近肯定。

17.我想我一定受不了被解雇的羞辱。

18.如果向我所爱的人表白被拒绝，我一定会精神崩溃。

19.我总不忘过去的错误。

20.我的生活中，常有些令人沮丧气馁的日子。

21.拮据的生活会让我寒心。

22.我觉得要建立新的人际关系相当容易。

23.如果周末不愉快，星期一我便很难集中精力学习和工作。

24.在我的生命中，已有过失败的教训。

25.我对侮辱很在意。

26.如果应聘职务失败，我会愿意继续尝试。

27.遗失了钥匙会让我整日不安。

28.我已达到能够不介意大多数事情的地步。

29.想到可能无法完成某项重要事情，会使我不寒而栗。

30.我很少为昨天发生的事情烦心。

31.我不易心灰意冷。

32.必须要有百分之五十以上的把握，我才敢冒险把时间投资在某件事上。

33.命运对我不公平。

34.对他人的恨维持很久。

35.聪明的人知道什么时候该放弃。

36.偶尔做个失败者，我也能坦然接受。

37.新闻报道中的大灾难，使我无法专心工作。

38.任何一件事遭到否决，我都会寻求报复的机会。

统计与解释：

上面问题，列入“不同意”者为：1、3、4、6、9、10、15、17、18、19、20、21、23、24、25、27、28、29、32、33、34、35、36、37，其余题为“同意”。依上列答案，相符者给1分，相反为0分。

总分为0～10分，说明你是那种易被逆境、失望或挫折所左右的人。你把逆境看得太严重，一旦跌倒，要很久才能站起来。你不相信“胜利在望”，只承认“见风转舵”。

总分为 11 ～ 25 分，说明你在遇到某些灾祸或逆境的时候，往往需要相当长的时间才能振作起来。不过这类人能找到很多的技巧和策略来获取个人的利益。

总分为 26 ～ 38 分，则显示你应对逆境的弹性极佳。虽然不理想的境遇会对你造成伤害，但不会持久。这类人在情感上通常相当成熟，对生活也充满热爱，他们能坦然接受失败，纵然一时失败，仍坚信有“东山再起”的一天。

思考与练习

1.人际交往中，应遵循哪些原则?

2.你通常用什么方法结识新朋友、和别人介绍自己?

3.你在日常的学习生活中，是如何处理自己的不良情绪的?

4.当自己或亲友遭遇挫折而沮丧、焦虑时，你会用什么方法帮助自己或亲友进行排解?

第四章

传染病预防与突发公共卫生事件应对

【名人名言】

医院是战场，作为战士，我们不冲上去谁上去？

——钟南山

国家危难，医生即战士，宁负自己，不负人民。

——张伯礼

第一节　了解传染病

案例导入

伤寒玛丽

1900年，在美国纽约有一位受欢迎的女厨师玛丽，她看起来非常健康，由于厨艺好而辗转于不同的家庭间为人烹调美食。在她被雇佣后，她服务的家庭前后出现了53例伤寒患者。经过调查，专家索柏锁定了玛丽，但当时社会对健康带菌者并没有概念，玛丽自认为健康而拒绝配合检查。索柏千辛万苦终于通过玛丽粪便检查出其体内携带有伤寒杆菌，对她进行多年药物治疗依然无法祛除她体内的伤寒杆菌。1907～1910年，她被监禁过、被禁止从事厨师工作、改名换姓消失过，但她活动过的地方仍然暴发了伤寒疫情。这就是医学史上大名鼎鼎的“伤寒玛丽”。在她的一生中，由她直接传播的病例超过50例，死亡7人，间接传播导致的伤寒感染难以估计，但她却是死于肺炎而不是伤寒，享年69岁。

请思考:

1.你了解的传染病有哪些?

2.传染病具有哪些特性呢?

传染病是由各种病原体（指引起传染病的病毒、细菌、真菌等）引起的能在人与人、动物与动物或人与动物之间相互传播的一类疾病。

一、传染病事故爆发的基本条件

重大传染病事故的爆发需要具备三个基本条件。

（一）传染源

传染源是病原体赖以生存、寄居和繁殖的环境，包括人类、禽畜、昆虫都可以成为传染源，病原体往往都是把传染源作为自己的载体，从而找机会传染给人类。

（二）传播途径

（1）接触传播，包括直接接触和间接接触。直接接触主要是指与感染传染病者身体接触，比如拥抱、亲吻水痘患者；间接接触是指接触那些已经被传染源污染了的物品，比如与传染病患者共用牙刷、毛巾、餐具、衣物等私人用品。

（2）飞沫传染，是许多传染病的主要传播途径。飞沫传染是指传染病患者在咳嗽、打喷嚏、说话时喷出的唾沫，这些唾沫中是包含着病菌的，唾沫会在短时间内在空气中自由地飘浮，其他人在张嘴呼吸或偶然碰触到眼睛时，也会感染上相应的传染病。比如流行性感冒、肺结核等都可能通过这种途径感染。

（3）血液传染，主要是指通过输血、文身、穿耳洞等方式，将传染病传递到另一个人身上。

比如一些医院的输血医疗器械重复使用，极容易造成传染病的相互传播。

（4）先天传染，主要是指父母患有某种传染病，从而遗传给了自己的孩子。比如艾滋病就会通过母婴传播途径传染给孩子。

（三）易感人群

易感人群就是指那些容易被传染病传染的人。青少年和儿童由于免疫系统还没有发育完全，身体抵抗病菌侵袭的能力差，同时，由于年龄小，还没有养成良好的个人卫生习惯，自我保护意识不强，他们极其容易成为受到传染病侵袭的人群。

二、传染病的特性

（一）传染病都有病原体

每种传染病都有自己的病原体，包括病毒、细菌、真菌、螺旋体、原虫等。

（二）传染病具有地域性和季节性

传染病的地域性是指某些传染病的病原体或者被感染者会受地理条件、气温条件变化等一些因素的影响，使得传染病常常局限于一定的地理范围内发生。如虫媒传染病、自然疫源性疾病等。

传染病的季节性则是指传染病的发病时间与相应的季节有关系，也就是说传染病的发生与温度、湿度的改变有关。例如春季是各种呼吸道传染病的高发季节，受空气、人口流动频繁等因素影响，容易引发某些呼吸道传染病的爆发流行，因此，春季要重点预防流感、流行性脑脊髓膜炎、麻疹等呼吸道传染病。

（三）传染病具有传染性

病原体通过一定的传播途径可以从一个被传染者到达另一个被传染者，因此传染病是具有传染性的，传染病的传染强度通常与病原体的种类、数量、毒力、被感染者的免疫力等因素有关。

（四）传染病具有免疫性

感染上传染病的人在身体痊愈后，人体会对这种传染病病原体产生不感受性，这就是所说的免疫。不同的传染病，在病后免疫的能力有所不同，有的传染病患病一次后可终身免疫，但是有的还可能再次感染。可以将其分为以下几种感染现象。

（1）再感染。患有某一传染病的患者在痊愈后，经过一定时间又被同一种病原体感染，

（2）重复感染。某种传染病在发病中，被同一种病原体再度侵袭而受染。比如血吸虫病、疟疾最为常见。

（3）复发。患者已经进入传染病的恢复期或者已经快要痊愈了，然而这种病原体再次出现并且繁殖，导致原症状再度出现。比如伤寒常会出现此种情况。

知识链接

人类历史上的六大传染病

1. 霍乱

霍乱是霍乱弧菌引起的一种具有传染性的急性腹泻疾病，主要特点是传播快、发病急以及致死率高，临床症状主要是腹泻和剧烈呕吐，通常潜伏期为 1 ～ 3 天，如果不及时治疗，患者可在数小时内就因为腹泻脱水而死亡。

霍乱主要是污水中的细菌进入人体而引起，所以水和食物的卫生问题是导致霍乱的主要原因，霍乱患者的粪便中会含有霍乱弧菌，当排泄到周围的环境中时，也很可能会感染他人。

根据相关研究人员的估计，在全球范围内每年大约有 130 万～ 400 万例霍乱病例，以及 2.1 万～ 14.3 万死亡病例。霍乱通常发生在卫生条件比较差、饥荒、战争和人口拥挤的地区。

2. 埃博拉

埃博拉出血热是由埃博拉病毒引起的一种具有强烈传染性的疾病，20 世纪 70 年代，在非洲首次被人类发现。

埃博拉病毒引起的出血热是最为致命的病毒性出血热，患者最后会因全身出血而死亡，感染者一般是突然高烧、喉咙痛、头痛、肌肉痛和虚弱，然后开始腹泻和呕吐。通常在发病后的两周内，由于病毒外溢而导致全身出血，患者可在 24 小时内死亡，死状非常惨烈恐怖。

埃博拉病毒在人体内的潜伏期一般为 2 ～ 21 天，主要通过体液进行传播，其中埃博拉患者的血液、呕吐物和排泄物的传染性是最强的。更重要的是，目前埃博拉还没有有效的治疗药物，死亡率非常高，被世界卫生组织列为对人类危害最为严重的病毒之一。

3. 西班牙流感

很多人觉得流行性感冒只是一种轻微的常见疾病，不过西班牙流感并不是普通的流感，它曾经直接造成约 1 亿人的死亡。

西班牙流感患者会出现高烧、头痛、食欲不振、脸色发青、肌肉酸痛、食欲不振以及咳血等症状，20 ～ 35 岁的青壮年的死亡率非常高，很多患者早晨还没有症状，中午染病，晚上就死亡了。

在第一次世界大战期间，西班牙流感曾肆虐全世界，在 6 个月内就夺走了 2500 万～ 4000 万人的生命，该流感也是第一次世界大战提前结束的原因之一。不过，西班牙流感在 18 个月后便神秘地消失了，导致它的病株至今都没有被完全真正辨认。

4. 鼠疫

鼠疫又被称为黑死病，一般在鼠间流行。鼠疫的传播途径是借助鼠蚤叮咬将病菌从老鼠传给人类，进而引起人与人之间的传播，是一种传染性极高的疾病，并且也能够通过呼吸道吸入而感染。感染鼠疫后如果不经过治疗，病死率高达 50% ～ 70%。

研究发现，鼠疫的病原体是一种细菌，被称为耶尔森杆菌，也就是鼠疫杆菌。

在人类历史上，曾发生过多次灾难性的鼠疫大流行，导致全球人口锐减以及社会瘫痪。在 20 世纪下半叶，人类终于控制住鼠疫的流行，现在鼠疫已经很罕见了。

5.疟疾

疟疾是由于雌性按蚊叮咬或输入了疟原虫携带者的血液，从而感染疟原虫而引起的虫媒传染疾病，主要症状是突发性的高热、寒战，同时伴有乏力和头痛等。

疟疾是人类史上最大的杀手之一，而且似乎一直都在人类身上存在，伴随着人类发展。大约从5000年前开始，疟疾从非洲逐渐传播到全世界，到20世纪初，发生全面爆发，在过去一百年中，疟疾导致全球约3亿人的死亡，如今每年依然有超过100万人因患有疟疾而死亡。

6.天花

天花，是一种对人类造成极大危害的烈性传染病，一旦染上天花就会出现突然高热、寒战、头痛、高度乏力、四肢以及腰背酸痛等重度全身中毒症状，病情发展到一定程度时患者会出现丘疹、脓疱、斑疹、疱疹等皮疹。

在以前，由于没有有效的治疗办法，天花病死率很高，幸存者的脸部一般会留下瘢痕，因此被叫做“天花”。

天花病毒具有非常强的繁殖能力和传染能力，在患者去世后仍然能存活几个月，即使是一片脱落的痂都有传染性。据估算，全球约有5亿人因天花而致死。随着疫苗的出现，人类最终消灭了天花，在1980年，世界卫生组织宣布天花已经彻底消灭，至今仅有少数病株保存在某些高级实验室。

三、传染病对社会的影响

健康问题是一个繁荣的、生产力发达的社会的核心问题之一，而恐惧和疾病却可能扼杀生产、消费、娱乐、旅行等行业的有序发展和整体福祉。而传染病作为一类危害性较大的疾病，对社会的影响更是有目共睹的，主要包括以下几方面。

（一）影响国家经济的发展

传染性疾病的传播直接冲击以人员流动和接触为主要特点的第三产业，如餐饮、旅店、娱乐、旅游、运输业等行业。

知识链接

埃博拉疫情的影响

由于埃博拉病毒造成的疫情，2013～2014年，利比里亚的国内生产总值（GDP）增长率从8.7%降至0.7%；塞拉利昂（不包括铁矿石）的GDP增长率从5.3%降至0.8%；几内亚2015年的GDP增长率预计为4%，而实际降至0.1%。在这三个国家中，政府收入全面下降，其中包括公司的直接税、增值税和间接税收入的下降；此外，私人和外国投资者信心的下降，导致两年间的融资缺口超过6亿美元。疫情不仅对保险公司（健康和人寿）产生了极大的负面影响，同时由于疫情期间人力不足，导致社会生产力大幅下降，各部门也受到了重大影响。

（二）冲击国内正常秩序

在传染性疾病爆发期间，当事国政府一般都会采取各种应急措施，这往往会对该国正常的社会生活秩序造成影响。

（三）影响社会安定

传染病区别于其他疾病的主要特点就是具有传染性，其可以引起大范围的感染，导致人群心理恐慌，从而影响正常生产、生活，扰乱社会秩序。

（四）造成人口骤减

严重的大范围爆发的传染病，可以导致人口死亡率增长，造成人口骤减，使出生率与死亡率比例严重失调。

第二节　常见传染病及其预防和治疗

案例导入

狂犬病

2020年11月，杭州一居民王某从朋友那里领养了一只小狗。在饲养的过程中，王某不慎被小狗咬了一口，当时虽然流血了，但是伤口并不深，因此并没有引起王某的注意。不想大约4个月后，王某开始出现头晕、呕吐、冒冷汗的症状，于是转入杭州某三甲医院进行治疗。经过检查，王某患的是狂犬病。经抢救，王某的病情没有得到任何缓解，并且迅速进入了脑死亡阶段。

请思考：

1.应如何预防狂犬病？

2.你还了解哪些传染病？应该如何预防？

一、传染性非典型性肺炎

传染性非典型性肺炎又称严重急性呼吸综合征，简称为SARS或“非典”，是一种传染性极强的呼吸道传染病。

（一）症状

感染后一般约2～10天后发病。首先患者可能会发烧，测体温一般都高于38℃，而且一般会持续一段时间。有时患者还会觉得怕冷、肌肉酸痛、关节酸痛、头痛等等。如果患者咳嗽，常常为干咳，痰很少。严重的还会呼吸加快，甚至呼吸困难。

（二）特性

1.病因

2003年4月16日，世界卫生组织正式确认冠状病毒是引起“非典”的元凶。它是这样被描述的，“中间是圆形，四周有灰色的阴影，最外围是一个个紧挨着的突起部分。”病毒在电子显微镜下呈现的样子“有点像‘自由女神’头顶的帽子，也被称作‘日冕病毒’”。

2.传播途径

“非典”最重要的传播途径首先是近距离的空气飞沫传播，即通过与患者近距离接触，吸入患者咳出的含有病毒颗粒的飞沫进行传播。其次是通过手接触传播。当手接触到了患者的唾液、汗液、大小便以及其他被污染的物品时，会经过口、鼻、眼等部位侵入人体而引起传播。

（三）预防

（1）勤洗手。这是预防“非典”的第一道防线。

（2）勤洗脸。病毒最容易附在脸上。引起“非典”的冠状病毒主要是通过鼻、咽和眼等部位进入人体的，洗脸可把病毒清洗掉，从而大大减少感染“非典”的机会。

（3）勤饮水。多风干燥的春季是传染病的高发季节。鼻黏膜容易受到损伤，勤饮水可以使鼻黏膜保持湿润，保障呼吸屏障不易破损。同时，勤饮水还能够及时排出体内的废物，这样就能够增强人体抵抗病毒入侵的能力。

（4）勤通风。“非典”是通过呼吸道传播的，室内经常通风换气就可以降低病毒在空气中的浓度，从而降低感染的可能性。特别是使用空调的房间，更要注意定时开窗通风。

（5）戴口罩。戴口罩好比给呼吸道设置了一道“屏障”，使病毒不能进入人体。口罩最好做到“四小时一更换”。

（6）调心态。要正视“非典”的存在，不要恐慌，但也不能掉以轻心。只有以健康的、科学的良好心态生活，才能增强人体的防御能力。

（7）练身体。要积极参加体育锻炼，外出旅游，多到户外呼吸新鲜空气，但要注意根据气候变化增减衣服，合理安排运动量，以增强自身抵抗力。

（四）治疗

非典大流行期间，尚缺少针对“非典”发病原因的治疗。医生一般都会密切观察患者的病情，针对发热、咳嗽等症状使用对应的药物，有时候还会使用肾上腺皮质激素、抗病毒的药物等。目前，我国已研制出相关治疗药物。

二、流行性感冒

流行性感冒是最常见的一种通过呼吸道传播的疾病。20世纪曾出现了4次全球流感大流行。在我国北方，每年10月到第二年4月为流感高发季节；在南方次年的6月、7月会有第二次高峰。流感患者呼出的每一个气溶微粒中，含有数十万个流感病毒，因此在群体内发病很容易引起暴发流行。

（一）症状

被流感病毒感染后常常突发高烧，体温可达到39℃～40℃，一般2～3天后就会慢慢退热。患者明显感到怕冷、头痛、全身酸痛，而鼻塞、流涕、嗓子痛、干咳这些症状就不太明显。当患者所有的症状都消失后，还会感到无力、精神差，体力恢复很缓慢。

（二）特性

1.病因

流行性感冒是由流感病毒引起的，流感病毒共分为甲、乙、丙三型。其中甲型病毒传染性强，传播快，最容易引起大范围流行。2009年流行的甲型H1N1就是属于甲型流感的一种。

2.传播途径

流行性感冒主要是以空气飞沫传播为主，被污染的日用品也会引起流感的传播。流感病毒在空气中大约可以存活半小时，在针织品、玻璃等物品表面可以存活3天。

（三）预防

（1）要学习预防流感的知识，提高防病意识，还可以参加体育锻炼，增强体质以抵抗疾病。

（2）要注意个人卫生，勤换、勤洗、勤晒衣被，随气温的变化要注意增减衣服，避免淋雨着凉、熬夜、过度疲劳等。

（3）在公共场所（如教室、实验室、电脑房、图书馆、食堂、宿舍、办公场所等）要常开窗通风换气，使用空调要对空调系统进行定期清洗，防止通过空调传播病毒。

（4）流感流行期间要尽量少串门，暂停大型集会及娱乐活动，尽量不到人口稠密的公共场所，不去流感流行地区。

（5）有发热感冒等症状要及早就医，对流感患者要根据流感类型，视情况就地隔离治疗一周或至热退后第二天，以防止扩散。

（6）必要时可注射流感疫苗，增强免疫力。由于流感病毒种类众多，一种流感疫苗往往只能针对一种病毒，因此注射流感疫苗并不能完全预防流感的发生。

（四）治疗

流感患者需要卧床休息，多饮水，补充维生素，进食后用温开水或温盐水漱口，保持口鼻清洁，病情严重时要到医院治疗。早期可使用抗病毒的药物，必要时也可进行中药治疗。

三、水痘

水痘是一种比较常见的主要发生在儿童中的传染病，其中6个月至3岁的儿童发病率较高，但近年来中、小学学生发病率也很高。

（一）症状

出水痘时，首先会感到发烧、头痛、全身乏力等。随后在24小时之内就会出现皮疹，皮疹为米粒至豌豆大小的圆形水疱，水疱周围一圈明显发红，有的水疱中央呈现出“脐窝状”。

患者常常因为瘙痒难忍而用手去挠抓。一般情况下，2 ～ 3 天后水疱就会消失，也不会留下疤痕。如果因为挠抓而感染则可能会留下轻度疤痕。

（二）特性

1.病因

水痘是由水痘病毒——带状疱疹病毒感染所引起，这种病毒若感染成人通常会引起急性感染性皮肤病。

2.传播途径

水痘的传染性较强，主要是通过空气飞沫传播，或者是接触了患者“水疱”内的疱浆，以及通过沾染上疱浆的衣服等物品而被传染。

（三）预防

（1）接种水痘疫苗是一种非常有效的方法，可以起到很好的预防效果，并且所产生的保护作用可以长期存在。

（2）多喝水。

（3）加强体育锻炼，增强人体抵抗力。

（四）治疗

若发现水痘患者应尽早对其进行隔离治疗，直到全部皮疹结痂为止。与水痘患者接触过的儿童，应隔离观察 3 周。水痘没有什么特效治疗方式，主要是对症处理以及预防皮肤感染，保持清洁，避免挠抓，有感染的可以外用抗生素软膏。

四、流行性腮腺炎

流行性腮腺炎俗称“猪头疯”“蛤蟆瘟”“对耳风”等，是春季常见的通过呼吸道传播的疾病，常见于儿童和青少年。

（一）症状

流行性腮腺炎最具特征的表现就是腮部肿胀。一般是以耳垂为中心，向前、后、下发展，形状如梨形，没有明显边界。肿胀的皮肤绷得紧紧的，有弹性，发亮但不发红，轻轻触摸就感觉疼痛。说话、咀嚼时疼痛会加重。有些病情重的患者腮腺周围会出现高度水肿，甚至容貌变形。除此之外，流行性腮腺炎还可能会引起一些并发症，如睾丸炎、卵巢炎、脑膜炎、胰腺炎、心肌炎等，后果更为严重。

（二）特性

1.病因

流行性腮腺炎是由腮腺炎病毒引起的。

2.传播途径

腮腺炎病毒存在于患者唾液中的时间较长，腮部肿胀前 6 天至腮部肿胀后 9 天都可能从患者口中排出病毒。流行性腮腺炎主要是通过空气飞沫传播，在短时间内接触患者唾液所污染的食具、玩具等也能引起感染。

（三）预防

（1）接种疫苗。这是预防流行性腮腺炎最有效的方法。

（2）如若不幸感染了流行性腮腺炎，病情较轻的可以在家隔离休息，病情严重的就需要到医院治疗。

（四）治疗

流行性腮腺炎患者要保持口腔清洁，多饮水，房间保持通风，避免吃刺激性食物及酸性食物。

五、传染性结膜炎

传染性结膜炎，俗称“红眼病”或者“暴发火眼”。多见于春秋季节，可散发感染，也可在学校、幼儿园、工厂等集体单位广泛传播，造成暴发流行。

（一）症状

在传染性结膜炎的早期，患者常常会觉得双眼发烫、烧灼、怕光、眼红，眼睛像进入沙子一样疼痛难忍，紧接着也可能出现眼皮红肿、眼睛流泪。甚至早晨起床时，眼皮常被眼内分泌物粘住，眼睛不容易睁开。有些患者的结膜会出现小的出血点或出血斑，病情严重者会感觉到剧烈的眼痛以及可能伴随头痛、发热、耳前淋巴结肿大等全身的不适症状。传染性结膜炎一般不会影响视力，但如果细菌侵犯到了角膜，视力就会受到一定程度的影响。

（二）特性

1.病因

引起传染性结膜炎的可以是病毒，也可以是细菌，其中病毒引起的病情较重。

2.传播途径

传染性结膜炎主要是通过接触传播，即“眼—手—眼”的传播。接触患者用过的洗脸用具，游戏机、电脑键盘或者到患者去过的游泳池、浴池等地方游泳、洗浴，都有可能被感染。

（三）预防

（1）尽量避免与传染性结膜炎的患者以及他们使用过的物品直接接触，如洗脸毛巾、脸盆等。注意搞好个人卫生和集体卫生，提倡勤洗手、洗脸、不用手或衣袖揉眼或擦眼。

（2）饮食要以清淡为宜，勿喝酒。

（四）治疗

得了传染性结膜炎要积极治疗，可以用生理盐水或者是3%的硼酸水冲洗眼睛。若是细菌感染，就使用抗生素眼药水；病毒感染则使用抗病毒的眼药水。对传染性结膜炎的治疗一定要及时、彻底、坚持。一旦发现，要立即治疗，不能中断，就算没有症状了也需要继续治疗一周左右，以防复发。另外，患者不能遮盖病眼，遮盖病眼可能会引起细菌或病毒的繁殖，加重病情。

六、乙型病毒性肝炎

病毒性肝炎是指由不同的肝炎病毒引起的一组传染病，乙型病毒性肝炎（以下简称乙肝）则是其中的一种。根据《2021年中国卫生健康统计年鉴》发布的最新乙型肝炎发病情况数据，截至2021年底，全国病毒性肝炎发病数1226165例，较上年增加87384例，同比增长7.67%。

（一）症状

大部分乙肝患者可以没有任何症状，仅仅是在体检时发现携带有乙肝病毒。急性发病的患者可能会容易感到疲倦、食欲不振、小便或眼睛发黄等。

（二）特性

1.病因

乙型病毒性肝炎主要是感染了乙型肝炎病毒引起的传染病，完整的乙肝病毒呈颗粒球状。

2.传播途径

乙肝主要是通过血液传播的。另外，一些没经消毒或消毒不彻底的注射器、针头或拔牙用具等，以及吸毒者共用的污染针头和注射器也可能会引起感染。携带乙肝病毒的母亲，可能会将乙肝病毒直接传播给新生儿。与乙肝患者或乙肝病毒携带者进行性接触或生活密切接触时也可能会引起感染。

（三）预防

（1）乙型肝炎是可以预防的，接种乙肝疫苗可以大大减少乙肝的发生。

（2）切断传播途径是预防乙肝最重要的措施。比如注射器、针头、针灸针、采血针等使用高压蒸气消毒或煮沸20分钟；预防接种或注射药物必须一人一针一筒，使用一次性注射器；严格筛选和管理供血者；要严格掌握输血和使用血制品的指征。

（四）治疗

对于急性期乙肝患者，须严格遵循医嘱卧床休息，选择性地使用抗病毒药物治疗，饮食以合乎患者口味、易消化的清淡食物为宜。同时还应忌酒，避免过度劳累，以及避免使用损伤肝脏的药物。

七、肺结核

在新中国成立前，肺结核被称为“肺痨”，因为其死亡率极高，所以谈起它无不令人恐惧。现如今，结核病在人群中的传播能得到有效控制，对人们健康和生命的威胁已大大减轻。然而，由于青少年生长力非常旺盛，身体各器官的发育处于相对不平衡的状态，当营养不良、疲劳过度、身体抵抗力下降时，就容易生病，因而肺结核在青少年中发病率仍然较高。

（一）症状

肺结核一旦发病，体质会明显下降，午后或傍晚容易发低烧、盗汗（睡眠中出汗），并且可能还伴有持续较长时间的轻咳嗽、声音嘶哑、痰中带血、精神萎靡、容易疲劳、食欲差、精神不集中等症状。

（二）特性

1.病因

肺结核是由一种叫结核杆菌的细菌感染引起。结核杆菌在形态上为细长略弯曲的杆状菌。

2.传播途径

肺结核患者的痰里有大量细菌，传染性很强，他们在咳嗽、吐痰、打喷嚏或说话时，飞沫会污染周围的空气，引起传播；使用被结核菌污染的餐具或与患者共同就餐等，都可能会被传染。此外，牛奶消毒不彻底时，其内有一种名叫牛型结核杆菌的细菌也会传播肺结核病菌。

（三）预防

（1）不要随地吐痰，扫地前先洒水以防尘土飞扬。牛奶要煮沸消毒后再喝，集体用餐时要实行分餐制或使用公筷。

（2）肺结核患者一定要注意休息、隔离治疗，以防传染给他人。

（3）为了能在早期发现肺结核，最好每年体检，做一次X线检查，发现可疑症状者应进一步检查确诊。15岁以下的儿童或青少年若没有接种卡介苗的要抓紧时间接种，以增强对结核病的免疫力。

（4）要锻炼身体，增强体质，保证蛋白质、维生素等营养摄入，这对加强抗结核能力有很大帮助。

（四）治疗

一旦发现肺结核，应当及时进行药物治疗，应遵循的治疗原则是“早期、联合、适量、规律、全程用药”，并应定期复查胸部X线片。

八、细菌性痢疾

夏季是腹泻的高发季节，细菌性痢疾在学校也比较常见，如果治疗不彻底，就容易转为慢性病。

（一）症状

感染细菌性痢疾一般 1 ～ 3 天后发病，患者自觉腹痛、腹泻，大便里有脓血、黏液，并常常感到肛门坠胀、排便未净、排便频繁，但每次排便量甚少，并且排便后不会感觉轻松。也有些患者会发烧，通常在 38℃以上。

（二）特性

1.病因

细菌性痢疾是由一种叫痢疾杆菌的细菌所引起的。

2.传播途径

河流、湖泊等水源污染后可能会引起细菌性痢疾的传播。夏秋季节人们饮用生水、蔬果等也可能会增加感染的机会。细菌性痢疾还可以通过食物传播，或者是接触了被细菌污染的物品从而传播。苍蝇可将垃圾、粪便、呕吐物中的病菌带到食物上，引起细菌性痢疾的传播。

（三）预防

（1）预防的关键是要注意饮食卫生。采购食品时，要选择新鲜的食品。另外，凉拌菜要少吃，吃时应冲洗干净，瓜果应洗净去皮再吃。

（2）苍蝇与蟑螂这些害虫可能会引起细菌性痢疾的传播。因此，消灭苍蝇与蟑螂也是预防发病的重要措施之一。

（3）充足的睡眠和丰富的营养有助于增强体质，也可以预防细菌性痢疾的传播。

（4）患者如果不能立即到医院，在家中除了补充水分之外还要补充盐。

（四）治疗

细菌性痢疾患者要卧床休息，吃容易消化、富含高维生素的食物。要积极到医院就诊，并使用抗生素（如左氧氟沙星、诺氟沙星等）治疗和针对症状进行治疗。

九、艾滋病

艾滋病是一种病死率极高的严重传染病，很多人甚至“谈艾色变”。目前还没有治愈艾滋病的药物和方法，但可以预防此病。

（一）症状

若感染了艾滋病病毒，通常会经过 7 ～ 10 年的时间才发展为艾滋病患者。在发展成为艾滋病患者之前外表看上去正常，可以没有任何症状地生活和工作。一旦发病就会出现长期低热、体重下降、淋巴结肿大、慢性腹泻、咳嗽等症状。

（二）特性

1.病因

艾滋病是由艾滋病病毒（HIV）感染引起的。艾滋病病毒离开人体后，常温下可存活数小时至数天。

2. 传播途径

艾滋病主要通过性行为传播，在患者的精液、血液、分泌物、乳汁里都含有艾滋病病毒。另外，输血、吸毒时共用针头也会引起艾滋病的传播。除此之外，患艾滋病的母亲还会将艾滋病病毒直接传播给新生儿。

（三）预防

（1）坚持洁身自爱。
（2）严禁吸毒，任何情况下都不与他人共用注射针头。
（3）不要擅自输血和使用血制品，要在医生的指导下使用。
（4）不要借用或与他人共用牙刷、剃须刀、刮脸刀等个人用品。
（5）感染了艾滋病病毒的妇女要避免怀孕、哺乳。
（6）使用避孕套是性生活中最有效的预防性病和艾滋病的措施之一。
（7）避免直接与艾滋病患者的血液、精液、乳汁和尿液接触。

案例分享

17 岁女孩吸毒染艾滋

2019 年 3 月，警方抓捕了一位年仅 17 岁的吸毒女孩。这名女孩由于多次吸食摇头丸，被警方送到戒毒所强制戒毒。在随后的检查中，该女孩被确诊为艾滋病病毒感染。经过调查发现，该女孩在几个月前参加一次朋友聚会，服食了一种叫“K粉”的毒品，随后脑袋一片空白，产生强烈的兴奋，被多名男子轮奸而浑然不知，而其中一名男性就是艾滋病病毒携带者。

（四）治疗

目前还没有发现能够治愈艾滋病的特效药物，已经研制出的药物只能缓解艾滋病患者的症状和延长艾滋病患者的生命，所以青少年一定要洁身自好，珍惜生命。

知识链接

世界艾滋病日

为增进人们对艾滋病的认识，世界卫生组织于 1988 年将每年的 12 月 1 日定为世界艾滋病日，号召世界各国和国际组织在这一天举办相关活动，宣传和普及预防艾滋病的知识。世界艾滋病日的标志是红丝带，象征着大众对艾滋病病毒感染者和艾滋病患者的关心与支持。

世界艾滋病日自设立以来，每年都有一个明确的宣传主题。围绕主题，联合国艾滋病规划署协调各相关联合国机构，动员成员国开展各种形式的宣传教育活动。2021 年是第 34 个“世界艾滋病日”，主题是“生命至上、终结艾滋、健康平等”。

十、狂犬病

狂犬病，又名恐水症，是迄今为止人类病死率最高的急性传染病。一旦发病，病死率高达100%。现在狂犬病患者虽然很少，但是被狗、猫咬伤、抓伤的人比比皆是。

（一）症状

狂犬病主要表现是怕水、怕风、咽部肌肉痉挛、流口水，最后死亡。

（二）特性

1.病因

狂犬病病毒是引起狂犬病的元凶，显微镜下其外形像子弹。

2.传播途径

人患狂犬病都是因为被唾液中含狂犬病病毒的动物咬伤以致感染的。病毒穿过破损的皮肤进入体内，如果皮肤受到抓伤或擦伤，甚至被狂犬病动物舔一下，都是很危险的。

（三）预防

（1）要加强犬和猫的管理，控制宠物间的病毒传播。野犬要捕杀，发病的犬、猫要立即击毙、焚毁、深埋，或向野生动物投喂含狂犬疫苗的诱饵等。

（2）为易于接触到狂犬病病毒的人群接种狂犬疫苗。

（四）治疗

若发现狂犬病患者，首先要将患者隔离在暗室中，避免声音、光、风等刺激，然后针对患者的各种症状作处理。

第三节　了解口岸公共卫生

案例导入

天津海关守住境外疫情输入第一关

2021年2月22日，一艘外籍货轮靠泊天津临港码头修船，船上载有37名外籍船员。按照疫情防控相关要求，天津临港海关关员对船舶实施登临检疫，并对全部船员实施核酸检测。

检测结果显示，有3名外籍船员核酸样本呈阳性。临港海关立即将该情况报告上级部门，并启动联防联控应急机制。这3名核酸阳性船员转至指定医院隔离诊治，其他密切接触船员在船隔离，不得下船入境，且船舶不准进行作业活动。最终该3人被确诊为新冠肺炎无症状感染者。按照属地疫情防控指挥部要求，临港海关于发现阳性病例之日起第3天、第7天对其余船员再次采样，经检测，又发现4人核酸样本呈阳性，后被确诊为新冠肺炎无症状感染者。该船其余船员继续在船单独隔离，船舶不得作业。后期，在船船员经核酸检测，均呈阴性。这次海港口岸突发公共卫生事件得到了妥善处置。

请思考：

1.什么是口岸公共卫生?

2.口岸公共卫生的职能包括哪些方面?

一、口岸公共卫生的定义

口岸公共卫生，又叫国境卫生检疫，它的职能包括出入境人员卫生检疫、传染病监测、特殊物品监管、核生化反恐、交通工具卫生监管、卫生监督和卫生处理等在内的工作。

二、口岸公共卫生的职能范围

（1）对出入境的人员、交通工具、集装箱、行李、货物、邮包等实施医学检查和卫生检查。

（2）对未染有检疫传染病或者已实施卫生处理的交通工具，签发入境或者出境检疫证书。

（3）对入境、出境人员实施传染病监测，有权要求出入境人员填写健康申明卡、出示预防接种证书、健康证书或其他有关证件。对患有鼠疫、霍乱、黄热病的出入境人员，应实施隔离留验。对患有艾滋病、性病、麻风病、精神病、开放性肺结核的外国人应阻止其入境。对患有监测传染病的出入境人员，视情况分别采取留验、发就诊方便卡等措施。

（4）对国境口岸和停留在国境口岸的出入境交通工具的卫生状况实施卫生监督。该项卫生监督包括：监督和指导对啮齿动物、病媒昆虫的防除；检查和检验食品、饮用水及其储存、供应、运输设施；监督从事食品、饮用水供应的从业人员的健康状况；监督和检查垃圾、废物、污水、粪便、压舱水的处理；可对卫生状况不良和可能引起传染病传播的因素采取必要措施。

案例分享

天津新港海关截获病媒生物

2021年2月26日，天津新港海关在对进境空集装箱核查过程中，发现自东南亚进境的一个空集装箱内有大量蟑螂、蝇类等病媒生物。关员立即采集箱内生物样本送往实验室进行鉴定。经鉴定，截获的病媒生物为美洲大蠊和蛆症异蚤蝇，都属于典型的病媒生物，易携带多种病原体，是许多人类传染性疾病的媒介，这类病媒生物随集装箱或腐败动物尸体进入境内，将对公共卫生环境和人民群众的健康安全造成隐患。天津新港海关依法对该集装箱进行了检疫处理。

（5）对发现的患有检疫传染病、监测传染病、疑似检疫传染病的入境人员实施隔离、留验和就地诊验等医学措施。

（6）对来自疫区、被传染病污染、发现传染病媒介的出入境交通工具、集装箱、行李、货物、邮包等物品进行消毒、除鼠、除虫等卫生处理。

三、口岸公共卫生的作用

历史上天花、鼠疫、霍乱、流感等传染病世界性大流行给人类带来了沉重的灾难。近几年全球传染病的发生、发展形势仍然十分严峻，流行势态也逐渐复杂多变，原有传染病依然在继续，曾经得到控制的传染病（鼠疫、肺结核、登革热等）死灰复燃，新发传染病（中东呼吸综合征、新型冠状病毒肺炎等）层出不穷。在全球化的趋势下，传染病的跨境传播变得更加普遍，使得一国内的传染病会迅速通过发达的交通工具传播到其他国家，增加了国境口岸公共卫生管理的复杂性和难以预见性。

国境口岸严格防控传染病的传入传出，确保公民的人身安全与健康。国境口岸在预防和控制传染病的国际传播、保护人体健康方面，既肩负着国家的重任，又履行着国际义务。

第四节　突发公共卫生事件应对

案例导入

30 多名学生食物中毒

2021 年 11 月 23 日，河南省封丘县某中学发生了一起学生集体食物中毒事件，该校 30 多名学生在吃过送餐公司配送的“营养午餐”后，出现了上吐下泻、肚子疼等现象。11 月 27 日，河南省封丘县官方通报称，由封丘县纪委、公安局、卫健委等多部门组成的联合调查组，综合患者的临床表现、流行病学调查和实验室检测结果，初步判定是一起食源性疾病事件，属于一般突发公共卫生事件。

请思考：

1.哪些事件属于突发公共卫生事件？

2.遇到案例中的事件，应如何应对？

突发公共卫生事件，是指突然发生，造成或者可能造成社会公众健康严重损害的重大传染病疫情、群体性不明原因疾病、重大食物和职业中毒，以及其他严重影响公众健康的事件。

一、突发公共卫生事件的等级划分

根据事件性质、危害程度、涉及范围，突发公共卫生事件可划分为特别重大（Ⅰ级）、重大（Ⅱ级）、较大（Ⅲ级）和一般（Ⅳ级）四级。

二、突发公共卫生事件的范围

从公共卫生角度考虑，突发公共卫生事件主要包括：重大传染病疫情；群体性不明原因疾病；重大食物中毒和职业中毒；新发传染性疾病；群体性预防接种反应和群体性药物反应；重大环境污染事故；影响公共安全的毒物泄露事件、核事故、放射性事故；生物、化学、核辐射恐怖事件；影响公共健康的自然灾害；其他严重影响公共健康事件。

三、突发公共卫生事件的特点

（一）成因的多样性

突发公共卫生事件的成因很多，比如各种烈性传染病。许多公共卫生事件与自然灾害也有关，比如说地震、水灾、火灾等。公共卫生事件与事故灾害也密切相关，比如环境的污染、生态的破坏、交通事故等。社会安全事件也是形成公共卫生事件的一个重要原因，如生物恐怖等。另外，还有动物疫情、致病微生物、药品危险、食物中毒、职业危害等。

（二）分布的差异性

在时间分布差异上，不同的季节，传染病的发病率也会不同，比如肠道传染病则多发生在夏季。分布差异性还表现在空间分布差异上，传染病的区域分布不一样，像我国南方和北方的传染病就不一样，此外还有人群的分布差异等。

（三）传播的广泛性

当前正处于全球化的时代，某一种疾病可以通过现代交通工具进行跨国的流动，一旦造成传播，就会成为全球性的传播。另外，传染病一旦具备了三个基础流通环节，即传染源、传播途径以及易感人群，它就可能发生无国界的广泛传播。

（四）危害的复杂性

重大的公共卫生事件不但对人的健康有影响，而且对环境、经济，乃至政治都有很大的影响。

（五）治理的综合性

治理需要四个方面的结合，第一是技术层面和价值层面的结合，即不但要有一定的先进技术，还要有一定的投入；第二是直接任务和间接任务相结合，即是直接的愿望也是间接的社会任务，所以要结合起来；第三是责任部门和其他部门结合起来；第四是国际和国内结合起来。只有通过综合的治理，才能使公共事件得到很好的解决。另外，在发展公共卫生事业时，还要注意解决一些深层次的问题，比如社会体制、机制的问题，工作效能问题以及人群素质的问题，所以要通过综合性的治理来解决公共卫生事件。

（六）新发的事件不断产生

仅在过去十年，就发生了H1N1猪流感、小儿麻痹症、埃博拉疫情、寨卡病毒，以及近几年暴发了新型冠状病毒疫情等多起国际关注的突发公共卫生事件，新发公共卫生事件层出不穷。

四、常见突发公共卫生事件应对

（一）传染病疫情

本章前面已介绍，此处不再赘述。

（二）自然灾害

1.地震

强烈的地震，常会造成房屋倒塌、大堤决口、大地陷裂等情况，给人民的生命和财产带来严重危害和损失。地震发生时，应当掌握以下应急的求生方法。

（1）如果在平房里，突然发生地震，要迅速钻到床下、桌下，同时用被褥、枕头、脸盆等物护住头部，等地震间隙再尽快离开房间，转移到安全的地方。地震时如果房屋倒塌，应待在床下或坚固的桌下，千万不要移动，要等到地震停止再跑出室外或等待救援。

（2）如果住在楼房中，发生了地震，不要试图跑出楼外，因为时间来不及。最安全、最有效的办法是，及时躲到两个承重墙之间最小的房间，如厕所、厨房等。也可以躲在桌、柜等家具下面以及房间内侧的墙角，并且注意保护好头部。千万不要去阳台和窗下躲避（图 4-1）。

图 4-1　地震求生技巧

（3）如果正在上课时发生了地震，不要惊慌失措，更不能在教室内乱跑或争抢挤出教室。靠近门的同学可以迅速跑到门外，中间及后排的同学可以尽快躲到课桌下，用书包护住头部；靠墙的同学要紧靠墙根，双手护住头部。

（4）如果已经离开房间，千万不要地震一停就立即回屋取东西。因为第一次地震后，通常会接着发生余震，而余震更加危险。

（5）如果在公共场所突然发生地震，不能惊慌乱跑，可以随机应变躲到就近比较安全的地方，如桌柜下、舞台下等。

（6）如果正在街上，突然发生地震，绝对不能跑进建筑物中避险，也不要在高楼下、广告牌下、狭窄的胡同、桥头等危险地方停留。

（7）如果地震后被埋在建筑物中，应先设法清除压在腹部上的物体；用毛巾、衣服捂住口鼻，防止烟尘窒息；要注意保存体力，设法找到食物和水，创造生存条件，等待救援。

知识小课堂

用生命上完最后一课

2008 年 5 月 12 日，汶川发生了特大地震。

在地震中，四川省德阳市东汽中学教学楼坍塌。在地震发生的一瞬间，该校教导主任谭千秋双臂张开趴在课桌上，身下死死地护着 4 个学生，至死不曾折腰。最后，4 个学生获救了，谭老师却不幸遇难。

5月14日，张关蓉擦拭丈夫谭千秋的遗体，她怎么也没想到，人们所说的救下4个学生的英雄竟然是她心爱的丈夫。在地震发生前，谭千秋正在为学生们上课，这节课，被他的学生们称为“最完美的一课”。

2.海啸

海啸经常发生在沿海地区，海啸引起狂风、暴雨、巨浪，对沿海城市设施、出海船只和沿海地区的农业生产具有强大的破坏力（图4-2）。

图4-2 海啸

要减轻海啸的危害，应注意以下几方面。

（1）注意收听有关天气预报，做好预防准备工作。

（2）房屋需要加固的部位及时加固，关好门窗。

（3）准备好食品、饮用水、照明灯具、雨具及必需的药品，预防不测。

（4）疏通泄水、排水设施，保持通畅。

（5）海啸到来时，要尽可能待在室内，减少外出。

（6）遇有大风雷电时，要谨慎使用电器，严防触电。

（7）密切注意周围环境，在出现洪水泛滥、山体滑坡等危及住房安全的情况时，要及时转移。

（8）风暴过后，要注意卫生防疫，减少疾病传播。

3.台风

台风极具破坏力，遇到台风时，应当掌握以下求生方法。

（1）尽量逃往坚固的建筑物中躲避，这是最保险的办法。

（2）若正好在野外，尽量找地势低洼处卧倒，并减少衣物，防止衣物鼓起导致被狂风刮走。

（3）在野外也可以用腰带或结实的绳子把自己绑在坚固的地面附属物上，尽量不要靠近电线杆、高压塔，以免倒塌后触电或砸伤。

（4）台风在沿海地区可能会引起巨浪，淹没周围的村镇，因此尽量逃往高处或较高的建筑物。

（5）台风的速度很快，因此不能有侥幸心理开车逃命，十级以上的台风掀翻一辆大型货车易如反掌。

4.龙卷风

龙卷风是一种威力非常强大的旋风，多发生在春季。龙卷风往往来得十分迅速、突然，还伴有巨大的声响。它的破坏力极强，能够把所经过地区的沙石、树木、庄稼，甚至海中的鱼类、仓库中的货物卷入高空，对人民的生命财产威胁极大。在龙卷风袭来时，应当掌握以下求生方法。

（1）龙卷风袭来时，应打开门窗，使室内外的气压得到平衡，以避免风力掀掉屋顶，吹倒墙壁。

（2）在室内，人应该保护好头部，面向墙壁蹲下。

（3）在野外遇到龙卷风，应迅速向龙卷风前进的相反方向或者侧向移动躲避。

（4）龙卷风已经到达眼前时，应寻找低洼处趴下，闭上口、眼，用双手、双臂保护头部，防止被飞来物砸伤。

（5）乘坐汽车遇到龙卷风时，应下车躲避，不要留在车内。

5.雷电

雷电是常见的自然现象，它实质上是天空中雷暴云中的火花放电，放电时产生的光就是闪电，闪电使空气受热迅速膨胀而发出的巨大声响是雷声。雷雨天容易遭受雷击，致人受伤甚至死亡。要避免雷击，应当做到以下几方面。

（1）在外出时若遇到雷雨天气，要及时躲避，不要在空旷的野外停留。

（2）雷电交加时，如果在空旷的野外无处躲避，应该尽量寻找低凹地（如土坑）藏身，或者立即下蹲、双脚并拢、双臂抱膝、头部下俯，尽量降低身体的高度。如果手中有导电的物体（如铁锹、金属杆雨伞），要迅速抛到远处，千万不能拿着这些物品在旷野中奔跑，否则会成为雷击的目标。

（3）遇到雷电时，一定不能在高耸的物体（如旗杆、大树、烟囱、电线杆）下站立，这些地方最容易遭遇雷击危险。

6.洪水

一个地区短期内连降暴雨，河水会猛烈上涨，漫过堤坝，淹没农田、村庄，冲毁道路、桥梁、房屋，这就是洪水灾害。遇到洪水时，应当掌握以下求生方法。

（1）受到洪水威胁时，如果时间充裕，应按照预定路线，有组织地向山坡、高地等处转移；在措手不及，已经受到洪水包围的情况下，要尽可能利用船只、木排、门板、木床等，做水上转移。

（2）洪水来得太快，已经来不及转移时，要立即爬上屋顶、楼房高屋、大树、高墙，做暂时避险，等待援救。不要独自游水转移。

（3）在山区，如果连降大雨，容易暴发山洪。遇到这种情况，应该注意避免渡河，以防止被山洪冲走，还要注意防止山体滑坡、滚石、泥石流的伤害。

（4）发现高压线铁塔倾倒、电线低垂或断折，要远离避险，不可触摸或接近，防止触电。

（5）洪水过后，要视身体情况及时服用预防流行病的药物，做好卫生防疫工作，避免感染传染病。

知识小课堂

抗洪勇士

2020 年 7 月 8 日，湖南省湘西吉首市红旗门大市场发生内涝。接到前方指挥部调度后，驻扎在保靖县的长沙市消防救援支队特勤大队一站站长黄建辉和他的队友第一时间带领 2 车 13 人携带防汛装备赶赴现场处置。

到达现场时，雨还在下，水深已将近齐腰，水质混浊，大量金属、玻璃碎片、塑料制品混杂其中，市场内的物资由于长时间浸泡，发出阵阵恶臭。

黄建辉立即组织队员分批次下水，先利用自己的身体丈量水深，再确定行进路线，开展人员疏散和外围物资的转移。

“水太深，赶紧铺设水带。”黄建辉协助后方排涝车铺设水带，一边铺设，一边用双手清理吸水泵周边杂物，确保吸水泵正常高效运转。

救援中，尽管泥巴和污水泡透了裤腿，黄建辉仍然多次下水疏通吸水泵，与吉首、芦溪前置点的队友们协同奋战，成功疏散了市场内全部人员。

傍晚，黄建辉和队员们刚回到保靖县防汛救灾前置点，就又接到出警任务：“保靖县一建筑工地内涝严重。”顾不上休息，黄建辉带着队员再次出战，开辟两处排水通道，紧接着又连接了 3 条排水管，对建筑工地进行排涝，直到救援任务结束。此时旭日已经东升。

7. 泥石流

泥石流来临时，应掌握以下求生方法和注意事项。

（1）立刻向与泥石流成垂直方向的两边山坡上爬，或立刻往河床两岸高处跑。跑得越快、爬得越高越好。

（2）来不及奔跑时，要就地抱住河岸上的树木。

（3）注意，一定不要：①往泥石流的下游方向逃生；②顺着泥石流方向奔跑。

知识链接

泥石流形成的三个条件

泥石流形成的三个条件：陡峻的便于集水、集物的地形和地貌；有丰富的疏松泥沙物质；为泥石流提供动力条件的水源。

8. 滑坡和崩塌

若不幸遭遇山体滑坡或崩塌时，首先要沉着冷静，不要慌乱。然后采取必要措施，迅速撤离到安全地点。

（1）迅速撤离到安全的避难场地。避灾场地应选择在易滑坡或崩塌的两侧边界外围。遇到山体崩滑时要朝垂直于滚石前进的方向跑。在确保安全的情况下，离原居住处越近越好，交通、水、电越方便越好。切记不要在逃离时朝着滑坡或崩塌方向跑。千万不要将避灾场地选择在滑坡或崩塌的上坡或下坡。也不要未经全面考察，从一个危险区跑到另一个危险区。同时要听从统一安排，不要自择路线。

（2）跑不出去时应躲在坚实的障碍物下。遇到山体崩滑，当无法继续逃离时，应迅速抱住身边的树木等固定物体。可躲避在结实的障碍物下，或蹲在地坎、地沟里。应注意保护好头部，可利用身边的衣物裹住头部。立刻将灾害发生的情况报告相关政府部门或单位，及时报告对减轻灾害损失非常重要。到滑坡或崩塌多发地区旅游，要注意是否有险情发生。外出旅游时一定要远离滑坡或崩塌多发区。野营时应避开陡峭的悬崖和沟壑，避开植被稀少的山坡。非常潮湿的山坡也是可能发生滑坡或崩塌的地区。

（3）滑坡或崩塌停止后，不应立刻到现场查看情况。因为滑坡或崩塌会连续发生，贸然到现场，可能会遭到第二次滑坡或崩塌的侵害。只有当滑坡或崩塌已经过去，并且房屋远离滑坡或崩塌，确认安全后，方可进入。

9.高温

中国气象学上，气温在35℃以上时称为“高温天气”。高温是一种灾害性天气，会对人们的工作、生活和身体产生不良影响，容易使人疲劳、烦躁和发怒，各类事故相对增多，甚至犯罪率也会上升。同时，高温天气会引起人们各种身体不适和疾病，如热伤风（夏季感冒）、腹泻、皮肤过敏以及中暑等，另外，高温天气易诱发心脑血管疾病而导致死亡。因此，要避免高温带来的伤害，应注意以下几方面。

（1）白天尽量避免或减少户外活动，尤其是上午10时至下午4时之间尽量不要在烈日下外出运动和劳动。

（2）室外劳动时应戴上遮阳帽，穿浅色衣服，并且应备有饮用水和防暑药品，如感到头晕不适，应立即停止劳动，到阴凉处休息。

（3）浑身大汗时，不宜立即用冷水洗澡，应先擦干汗水，稍事休息后再用温水洗澡。

（4）空调温度应控制在26℃～28℃，室内外温差不要超过8℃。空调运作时，应尽量避免送风口冷风直接吹向头部或长时间对着身体某一部位吹，还应该定时打开门窗，通风换气。

（5）避免皮肤被蚊虫咬伤、开水烫伤等，预防因气温高、细菌繁殖加快而造成的感染。

（6）注意饮食卫生。要多饮水，以温淡盐开水或茶水为主，兼食新鲜瓜果和蔬菜。

10.雾霾

雾霾（图4-3）是一种大气污染状态，是一种新型自然天气灾害。雾霾其实是对大气中各种悬浮颗粒物含量超标的笼统表述，尤其是PM2.5（空气动力学当量直径小于等于2.5微米的颗粒物）被认为是造成雾霾天气的“元凶”。雾霾天气导致近地层紫外线减弱，使空气中的传染性病菌活性增强，传染病增多，它会影响人类的呼吸系统、心血管系统、生殖能力，不利于人体健康。

图4-3　雾霾

案例分享

雾霾天打球引发呼吸道感染

2015年12月7日，北京市应急办发布消息，将于8日7时至10日12时发布空气重污染红色预警。北京市教育委员会7日晚间发布通知，要求本市辖区所有中小学、幼儿园、青少年宫及校外教育机构在红色预警期间停课。10日中午，就读于某高中的张帅同学看天空能见度转好，便约了几个小伙伴出去打篮球，当日晚上到家，他感觉喉咙肿痛，胸闷气短，后经医院诊断为呼吸道感染。

遇到雾霾时，应注意以下几方面。

（1）出行一定要戴口罩，尤其是抵抗能力差的老人、儿童和患有呼吸系统、心脑血管疾病的人。

（2）不能佩戴隐形眼镜。隐形眼镜容易使眼角膜缺氧。而雾霾天气气压低，会使眼角膜缺氧加重，眼睛干涩不舒服，空气中的微小污染物会刺激眼睛，导致眼部过敏或感染。

（3）应随身携带湿纸巾。大气中颗粒物吸附的病菌和有害物质粘在皮肤上会引起过敏，可以随时用湿纸巾进行清洁。

（4）多喝水，保持呼吸道湿润，尽量用鼻子呼吸。研究发现，大于10微米以上的颗粒物，鼻毛能阻挡95%。

（5）外出回家后，应及时洗脸、漱口、清洁鼻腔。

知识链接

不同口罩阻挡PM2.5的效果

纱布口罩：能滤除大部分粉尘和病菌，但对PM2.5几乎没有什么防护作用。

活性炭口罩：添加了具有吸附功能的活性炭层，但它只对隔绝异味起作用，对抗颗粒物防霾效果欠佳。

普通一次性医用口罩：一般为无纺布材质，具有防飞沫、吸湿等作用，但过滤颗粒物效果并不理想，也不适合用于抵挡PM2.5。

N95型口罩：是NIOSH（美国国家职业安全卫生研究所）认证的9种防颗粒物口罩中的一种。“N”的意思是不适合油性的颗粒，“95”是指在NIOSH标准规定的检测条件下，过滤效率达到95%。

KN90型口罩：“KN”是指口罩适用于过滤非油性颗粒物；“90”代表过滤效果在90%以上。

因此，青少年可根据每日发布的空气质量指数选择口罩，若空气质量良好，选择普通一次性医用口罩即可；若空气质量指数超过100，最好选择N95口罩、KN90型口罩等专业的防PM2.5口罩。

（三）食物中毒

食物中毒是指摄入含有生物性、化学性有毒有害物质的食品，或者把有毒有害物质当成食品摄入后所引起的非传染的急性、亚急性疾病。

1.预防措施

（1）预防细菌性食物中毒。细菌性食物中毒是指进食含有细菌或细菌霉素的食物而引起的食物中毒。预防要做到以下几点。

①避免熟食品受到各种致病菌污染。如避免生食品与熟食品接触，经常洗手，防止尘土、昆虫、鼠类及其他不洁物污染食品。

②控制适当温度，以杀灭食品中微生物或者防止微生物生长繁殖。如加热食品应使中心温度达到 70 ℃以上。

③尽量缩短食品存放时间，不给微生物生长繁殖的机会。

④不购食无卫生许可证和营业执照的小店或路边摊上的食品。

（2）预防化学性食物中毒。化学性食物中毒是指误食有毒化学物质，如鼠药、农药、亚硝酸盐等，或食用被其污染的食物而引起的中毒。预防化学性食物中毒建议如下。

①严禁食品储存场所将有毒、有害物品及个人生活物品共同存放。鼠药、农药等有毒化学物品要用标签作明显区分。

②不随便食用来源不明的食品。

③蔬菜加工前要先用清水浸泡 5 ～ 10 分钟，后再用清水反复冲洗，一般要洗 3 遍。

④水果宜洗净后削皮食用。

⑤手接触化学物品后要彻底洗手。

⑥苦井水（亚硝酸盐含量过高）勿用于煮粥，尤其勿存放过夜。

⑦不吃添加了防腐剂或色素而又不能确定添加量的食品。

（3）预防有毒动植物中毒。有毒动植物中毒是指误食有毒动植物或摄入因加工、烹调方法不当未除去有毒成分的动植物食物所引起的中毒。易引起食物中毒的食物有以下几种。

①四季豆。未熟的四季豆含有皂甙和植物血凝素，可对人体造成危害，如进食未熟透的四季豆可导致中毒。

②生豆浆。生大豆中含有一种胰蛋白酶抑制剂，进入机体后抑制体内胰蛋白酶的正常活性，易导致中毒。

③发芽马铃薯。马铃薯发芽或者部分变绿时，其中的龙葵碱大量增加，烹调时若未能去除或破坏掉龙葵碱，食后容易发生中毒。

④河豚。河豚的某些脏器及组织中均含河豚素毒，其毒性稳定，经炒煮、盐腌和日晒等均不能被破坏。

⑤有毒蘑菇。我国有可食蘑菇 300 多种，毒蘑菇 80 多种，其中含剧毒素的有 10 多种，人们常因猎奇误食而中毒。

⑥蓖麻籽。蓖麻籽含蓖麻毒素、蓖麻碱和蓖麻血凝素 3 种毒素，以蓖麻毒素毒性最强。1 毫克蓖麻毒素或 160 毫克蓖麻碱可导致成人死亡。

⑦马桑果。又名毒空木、马鞍子、黑果果、扶桑等，其有毒成分为马桑内酯、吐丁内酯等。

⑧未成熟的西红柿。未成熟的西红柿含有生物碱，人食用后可导致中毒。

⑨加热不彻底的鲜黄花菜。黄花菜也叫金针菜，当人大量进食未经煮泡去水或急炒加热不彻底的鲜黄花菜后，易导致中毒。

⑩新鲜的蚕豆。有的人体内缺少某种酶，食用鲜蚕豆后会引起过敏性溶血综合征。

2.应对措施

食物中毒症状以恶心、呕吐、腹痛、腹泻为主，往往伴有发烧，吐泻严重的还可能出现脱水、酸中毒，甚至休克、昏迷等症状。一旦有人出现这些症状，首先应立即停止食用可疑食物，同时拨打120急救中心电话，在急救车到来之前，可以采取以下自救措施。

（1）催吐。如果进食的时间在1～2小时内，可使用催吐的方法。立即取食盐20克，加开水200毫升，冷却后一次喝下。如果无效，可多喝几次，迅速促使呕吐。亦可用鲜生姜100克，捣碎取汁用200毫升温水冲服。如果进食的是变质的肉制品，则可服用十滴水药物促使迅速呕吐。

（2）导泻。如果患者进食食物时间已超过2～3小时，但患者精神仍较好，则可服用泻药，促使受污染的食物尽快排出体外。一般用大黄30克，一次煎服。老年患者可选用元明粉20克，用开水冲服，即可缓慢导泻。体质较好的老年人，也可采用番泻叶15克，一次煎服或用开水冲服，也能达到导泻的目的。

（3）解毒。如果是由进食变质的鱼、虾、蟹等引起的食物中毒，可取食醋100毫升，加水200毫升，稀释后一次服下。此外，还可采用紫苏30克、生甘草10克一次煎服。若是误食了防腐剂或变质的饮料，最好的急救方法是用鲜牛奶或其他含蛋白质的饮料灌服。

（4）保留食物样本。由于确定中毒物质对治疗来说至关重要，因此，在发生食物中毒后，要保留导致中毒的食物样本，以提供给医院进行检测。如果身边没有食物样本，也可以保留患者的呕吐物或排泄物，以方便医生确诊和救治。

（5）炊具、餐具、容器等要进行全面、彻底地清洗和消毒，以防止食物中毒的再次发生。

（四）环境污染事故

环境是指围绕在人类外部的世界，一般可分为自然环境与社会环境。这里所讲的环境，主要指的是自然环境。环境污染指在自然因素或人为作用下，环境污染物对环境的负担超过了环境自净能力，导致环境质量下降和恶化，直接或间接影响人体健康。当前世界环境存在的十大问题，分别是：气候变暖、臭氧层破坏、生物多样性减少、酸雨蔓延、森林锐减、土地荒漠化、大气污染、水体污染、海洋污染、固体废物污染。严重的环境污染称为公害。世界“八大公害事件”见表4-1所示。

表4-1 世界“八大公害事件”

名称	时间/年	地点	后果
马斯河谷烟雾事件	1930	比利时 马斯河谷工业区	工厂排放烟尘，几千人受累，一周内60多人死亡
多诺拉烟雾事件	1948	美国多诺拉镇	工厂排放有害气体致空气污染，发病者5911人，死亡20人
伦敦烟雾事件	1952	英国伦敦	烧煤取暖和工厂燃煤废气加特殊气象条件，事件当月（12月5日～9日）因烟雾死亡人数多达4000人以上

续表

名称	时间/年	地点	后果
洛杉矶光化学烟雾事件	1940 ～ 1960	美国洛杉矶	汽车尾气加特殊气象条件及环境，仅 1955 年，因呼吸衰竭死亡的 65 岁以上老人就多达 400 人
水俣事件（水俣病）	1956	日本熊本县水俣镇	含汞的工业废水污染了水体，致使鱼贝类中毒，人长时间食用后也会中毒发病
富山事件（骨痛病事件）	1931	日本富山县神通川流域	含镉废水污染了河水、水稻，居民摄入含镉的大米和饮用水而发病
四日事件（四日市哮喘）	1961	日本四日市	石油冶炼和工业燃油产生的废气，造成哮喘患者猛增，至 1972 年，多达 817 人，其中 36 人死亡
米糠油事件	1968	日本北九州	多氯联苯污染米糠油，至 1977 年，因此病死亡人数达万余人

案例分享

“土法”炼铝致环境污染

2021 年年底，湖南省湘潭市发生了一起利用废旧电容器，“土法”焚烧炼铝的重大污染环境案。群众普遍反映：村子里有很刺鼻的气味，闻后感觉发晕，目前已有 3 个人身体不舒服送医院治疗。

造成这起重大污染环境案的正是华泰电力科技有限公司。这家公司将非法生产场地设置在居民区附近，厂房距离湘江不到 500 米；为了逃避监管，将烟囱设在厂房中间朝下排放；在厂房内部挖了一个存放油罐的坑，里面是生产过程的副产物焦油，而油罐已有泄漏；还造成多次有毒有害气体泄漏。其中，废气超标排放严重污染环境，对周边环境造成的损害损失金额约为 126.16 万元。

生态环境十分脆弱，环境恶化的趋势至今仍未得到有效的遏制，实施环境保护政策、提高环境保护意识任重道远。

1.环境保护的含义

环境保护主要包含以下三个层面的意思。

（1）对自然环境的保护。为了防止自然环境恶化，对青山、绿水、蓝天、大海进行保护。这里就涉及不能私采（矿）滥伐（树）、不能乱排（污水）乱放（污气）、不能过度放牧、不能过度开荒、不能过度开发自然资源、不能破坏自然界的生态平衡等。这个层面属于宏观的，主要依靠各级政府行使自己的职能，进行调控，才能够解决。

（2）对地球生物的保护。对地球生物的保护包括物种的保全、植物植被的养护、动物的回归、维护生物多样性、转基因农作物的合理慎用、濒临灭绝生物的特殊保护、灭绝物种的恢复、栖息地的扩大、人类与生物的和谐共处等。

（3）对人类生活环境的保护。使环境更适合人类工作和劳动的需要，这就涉及人们的衣、食、住、行等方方面面，都要符合科学、卫生、健康、绿色的要求。这个层面属于微观的，既要依靠公民的自觉行动，又要依靠政府的政策法规作保证、依靠社区的组织教育来引导，需要各行各业齐抓共管，才能解决。

2.国家践行污染防治措施

（1）大气污染防治措施。为改善空气质量，国务院2013年印发《大气污染防治行动计划》；2018年，国务院发布《打赢蓝天保卫战三年行动计划》，提出调整优化产业、能源、交通、用地结构，确保环境空量总体改善。目前，我国大气污染治理已经取得了一定的成果，但仍处于“气象影响型”阶段。因此，我国生态环境需要系统保护，兼顾减污增容。一方面，在“分子”上做减法，通过污染减排、环境治理，减轻污染压力；另一方面，在“分母”上做加法，加大生态保护修复力度，扩大生态容量，提升承载力。比如大气环境治理，既需要通过大气污染减排和联防联控减轻污染排放，也需要通过防风固沙、城市蓝绿空间建设等生态保护措施，扩大生态容量，扩大空气扩散条件。

“十三五”期间，我国大气污染治理取得明显成效。“十四五”期间我国将以“减污降碳协同增效”为总抓手，把降碳作为源头治理，指导各地统筹大气污染的防治与温室气体减排，加大汽车减排与完善农村清洁取暖力度。

（2）水污染防治措施。水体卫生防护是保护生态环境和饮水安全的基本工程，主要措施包括五方面。①污染源控制。主要指在污染未发生之前采取积极有效的措施，杜绝污染物进入水体。实现污染源控制的主要方法是提倡清洁生产，清洁生产是一个广义的概念，是一种预防性方法，通过改进工艺，节约使用原材料和能源，消除有毒原材料，生产过程注意防护，生产工艺最后一步严格执行对排放物和废弃物的减毒消毒处理，保证排放物的妥善处理，不污染水源。②工业废水处理和利用。为节约水源，减少污染，工业废水可通过合理处理提高重复利用工业废水的价值，利用物理、化学和生物处理使废水中的有害污染物减少或转化为无害产物，如发电厂和钢铁企业需要消耗大量冷却水，可对污染程度低的工业废水进行一定的处理，作为工业冷却水。③生活污水处理和利用。采用集中污水处理方法进行无害化处理，去除污水中的病原体和毒物，可用于农田灌溉。④中水回用。主要是利用物理、化学和生物学等多种技术建立系统性深度处理工艺处理废水，中水回用主要流程包括格栅→混凝沉淀→活性污泥地→过滤→消毒。污水废水净化后用于冲洗地面、厕所、绿化等公共用途，但不用于饮用水、人体直接接触及其他要求高质量用水的领域。⑤医疗污水处理。由于医疗污水有更高的携带病原体、毒素和放射性物质的概率，所以医疗污水应严格管理，经严格处理后方可排放。主要采用次氯酸钠消毒剂的氯化消毒方法处理，排放前还应进行脱氯处理。

（3）土壤污染防治措施。推进城乡生活垃圾分类处理，重点城市基本建成生活垃圾分类处理系统，实施垃圾分类并及时清理，将固体废弃物主动投放到相应回收地点及设施，加大固体废弃物回收设施投入，加强废弃物分类处置管理。开展国家土壤环境质量监测网络建设，建立建设用地土壤环境质量调查评估制度，开展土壤污染治理与修复，以耕地为重点，实施农用地分类管理。全面加强农业面源污染防治，有效保护生态系统和遗传多样性。

3.环境保护行为规范

在保护环境方面，应该做到以下几点。

（1）认真学习环保知识。要保护环境，就需要认真学习环保知识，从小养成保护环境的文

明意识。自觉地学习环保知识，关心环境问题，积极参加学校组织的各种环保活动。

（2）节约利用水资源。地球上的水约97%是海水，剩下的虽是淡水，但其中一半以上是冰，可以直接利用的江、河、湖泊等仅占地球全部水量的2.5%左右。因此，淡水是极其珍贵的自然资源。在日常生活中，需要注意：洗手擦肥皂时一定要关上水龙头；在家里，可以将洗手或洗菜的水用来拖地、浇花，实现水的循环再利用；如果水龙头关不紧，有滴漏现象，可以先在滴漏的水龙头下面放一个容器，把滴水接下来，以便使用；如果厕所的水箱内放置一个装满水的大可乐瓶或其他容器的话，每次冲水可以节约不少的水。

（3）减少水污染。水污染主要是由人类的生产、生活等活动造成的。水污染加剧了水资源的供求矛盾，这就形成了一种恶性循环。为了减少水污染，应该努力做到：出去游玩时，不要在江河湖海中乱扔垃圾；洗碗时尽量少用餐具洗涤剂；剩菜剩饭应倒入垃圾桶，而不是直接冲入下水道等。

（4）节约用电。节约用电是为了节约资源、减少污染。我国的发电主要靠燃煤，而地球上的煤炭是有限的。按现在的消耗速度计算，全球的煤炭将在250年内用尽。节约用电可以减少酸雨的形成。酸雨是因煤炭燃烧形成的，它能强烈地腐蚀建筑物，使土壤和水质酸化、粮食减产、草木鱼虾死亡。节约用电能够减缓地球变暖。煤炭等燃料燃烧时产生的二氧化碳像玻璃罩一样阻断地面的热量向外散发，使地球表面温度升高，产生“温室效应”。“温室效应”会使气候变得异常，发生干旱或洪涝，还会使冰山逐渐融化，海平面升高，淹没陆地。节约用电从身边的小事做起：养成出门随手关灯的好习惯；不同时开着不用的电器；尽量不开空调或少开空调；使用节能灯管；等等。

（5）减少尾气排放。走在马路上，尤其是下班高峰期，总会闻到难闻的汽车排放尾气的味道，它会严重地污染大气，危害人体健康。由于汽车尾气大都排放在1.5米以下，因此儿童吸入的有害气体是成人的两倍。为了减少尾气排放，可以选择多乘坐公交车、地铁等公共交通工具；如果超过12岁，那么在外出时可以多骑自行车。

（6）控制噪声污染。噪声会干扰人们的正常生活，会对人的听力造成损害。长期接触噪声的人会出现头痛、脑涨、心慌、记忆力衰退和乏力等症状。在教学楼及各种公共场合，不大喊大叫，不高声喧哗，养成轻开轻关、轻拿轻放和轻行轻走的文明习惯。使用电器、乐器时，注意不要把音量调得太大，也要注意时间的控制，不要打扰邻居的正常休息、生活。如果家里装修房屋，一定要提醒家长注意施工时间安排，也别忘了事先和邻居打好招呼。

（7）节约粮食。小学学过名为《悯农二首》的诗，诗中写到“谁知盘中餐，粒粒皆辛苦”。节约粮食既是尊重种田人的劳动，又是珍惜宝贵的耕地。珍惜粮食，应该做到：盛饭要适量，吃多少盛多少，做到不随便剩饭、剩菜；外出吃饭点菜时，不要点太多，如有剩余，要打包回家。

（8）节约用纸。学习用的各科课本是由一张张纸制作而成，纸是由木材制造的。全国年造纸消耗木材约1000万立方米。造纸的过程中还会排出大量废水，污染河流，它所造成的污染占整个水域污染的30%以上。节约用纸，就是保护森林和河流。节约用纸，应该做到：节约使用练习本，不要随便扔掉白纸，充分利用纸的空白处；用过一面的纸可以翻过来做草稿纸、便条纸或自制成笔记本使用；过期的挂历纸可以用来包书皮；减少使用纸巾，洗手后，可以随身配一块手帕代替纸巾擦手。

（9）选择绿色食品。人们每天吃的很多蔬菜、水果都喷洒过农药、施过化肥，还有很多食品不适当地使用了添加剂。这样的食品会危害健康和智力。但是，如果吃的是绿色食品，就不用担心了。中国绿色食品标志由太阳、叶片和蓓蕾三部分构成，告诉人们绿色食品是出自纯净、良好生态环境的安全、无污染食品。选择绿色食品，追求健康生活。不用或少用一次性制品。日常生活中有太多的一次性制品，如一次性餐盒、一次性筷子、塑料袋、塑料保鲜膜、纸尿布等。使用一次性制品既浪费了资源，又增加了大量的垃圾。针对一次性制品的使用，应该做到：自带饭盒在学校用餐，少用一次性快餐盒；在商店买东西时尽量不使用塑料袋，而使用可以重复使用的购物袋；少用一次性筷子，外出就餐时可自备筷子；外出时，自带水壶装水喝，尽量少买瓶装饮料或矿泉水等。

（10）旧物循环利用。看看身边有哪些闲置不用的旧东西，让它们白白搁在那里或扔掉很可惜。可以动动脑筋搞个小创作，使这些旧物得到再利用；也可以用交换捐赠的方式把它们送到需要的人手里，这样既帮助了别人，又使人们的生活增加了环保的新理念。

（11）垃圾分类回收。我国生活垃圾分类一般分为四大类：可回收垃圾、厨余垃圾、有害垃圾和其他垃圾（表 4-2）。在丢弃垃圾时，人们应有意识地对垃圾进行合理的分类，以保护环境。

表 4-2　我国生活垃圾分类

生活垃圾种类	含义	具体内容	标识
可回收垃圾	生活垃圾中未经污染、适宜回收循环利用的废物	废弃电器电子产品、废纸张、废塑料、废玻璃、废金属等	可回收垃圾 可回收物 蓝色
厨余垃圾（湿垃圾）	居民日常生活及食品加工、饮食服务、单位供餐等活动中产生的垃圾	食材废料、剩菜剩饭、过期食品、瓜皮果核、花卉绿植、中药药渣等易腐的生活废弃物	湿垃圾 厨余垃圾 绿色
有害垃圾	生活垃圾中对人体健康或自然环境造成直接或潜在危害的物质，必须单独收集、运输、存贮，由专业机构进行特殊安全处理	电池类、含汞产品、过期药品、油漆及废农药等	有害垃圾 有害垃圾 红色
其他垃圾（干垃圾）	除可回收物、有害垃圾、餐厨垃圾以外的其他生活垃圾	纸类、塑料类、玻璃类、金属类废弃物及纺织类、木竹类废弃物中不可回收部分；灰土类、砖瓦陶瓷类废弃物，其他混合垃圾	干垃圾 其他垃圾 灰色

（12）珍爱动物。许多物种濒临灭绝，在恐龙时代，平均每1000年才有1种动物绝种；20世纪以前，地球上约4年会有1种动物绝种；现在每年有约4万种生物绝迹。面对如此严峻的现实情况，人们应该努力做到：不吃野生动物做的菜肴，如熊掌、猴脑及各种珍稀鸟禽，不去那些食用野生动物的饭店就餐；不穿珍稀动物皮毛服装，不使用野生动植物制品，如象牙、虎骨、红木家具等；在动物园不要恫吓动物或乱投食物等。

（13）做绿林卫士。森林素有“绿色金子”之称。森林可以把二氧化碳转换成氧气；森林可以像抽水机一样把地下的水分散发到天空；森林可以用巨大的根系使土壤和水分得到保持，控制洪涝和荒漠化的发生；森林是野生动物的家园。保护森林就是保护我们的家园，人们应爱护每一块绿地，积极参加绿化校园或社区的植树造林活动。看到毁树毁林行为要及时劝阻、制止或向有关部门报告。去郊外游玩时，不攀折、践踏荒草树木，不随便采集标本。

知识链接

世界主要环保纪念日

世界环境日，是每年的6月5日，于1972年6月5日由《联合国人类环境会议》建议并确立。世界环境日的意义在于提醒全世界注意地球状况和人类活动对环境的危害。要求联合国系统和各国政府在这一天开展各种活动来强调保护和改善人类环境的重要性。联合国环境规划署在每年的年初公布当年的世界环境日主题，并在每年的世界环境日发表环境状况的年度报告书。其他世界环保纪念日如下。

2月2日：世界湿地日

3月22日：世界水日

3月23日：世界气象日

4月22日：世界地球日

5月22日：国际生物多样性日

5月31日：世界无烟日

6月5日：世界环境日

6月17日：世界防治沙漠化和干旱日

7月11日：世界人口日

9月16日：世界保护臭氧层日

10月4日：世界动物日

10月16日：世界粮食日

课后拓展

《中华人民共和国传染病防治法》

第三条：本法规定的传染病分为甲类、乙类和丙类。

甲类传染病是指：鼠疫、霍乱。

乙类传染病是指：传染性非典型肺炎、艾滋病、病毒性肝炎、脊髓灰质炎、人感染高致病性禽流感、麻疹、流行性出血热、狂犬病、流行性乙型脑炎、登革热、炭疽、细菌性和阿米巴

续表

性痢疾、肺结核、伤寒和副伤寒、流行性脑脊髓膜炎、百日咳、白喉、新生儿破伤风、猩红热、布鲁氏菌病、淋病、梅毒、钩端螺旋体病、血吸虫病、疟疾。

丙类传染病是指：流行性感冒、流行性腮腺炎、风疹、急性出血性结膜炎、麻风病、流行性和地方性斑疹伤寒、黑热病、包虫病、丝虫病，除霍乱、细菌性和阿米巴性痢疾、伤寒和副伤寒以外的感染性腹泻病。

国务院卫生行政部门根据传染病暴发、流行情况和危害程度，可以决定增加、减少或者调整乙类、丙类传染病病种并予以公布。

第三十九条：医疗机构发现甲类传染病时，应当及时采取下列措施：

（一）对患者、病原携带者，予以隔离治疗，隔离期限根据医学检查结果确定；

（二）对疑似患者，确诊前在指定场所单独隔离治疗；

（三）对医疗机构内的病人、病原携带者、疑似病人的密切接触者，在指定场所进行医学观察和采取其他必要的预防措施。

拒绝隔离治疗或者隔离期未满擅自脱离隔离治疗的，可以由公安机关协助医疗机构采取强制隔离治疗措施。

医疗机构发现乙类或者丙类传染病患者，应当根据病情采取必要的治疗和控制传播措施。

医疗机构对本单位内被传染病病原体污染的场所、物品以及医疗废物，必须依照法律、法规的规定实施消毒和无害化处置。

思考与练习

1.传染病具有哪些特性？

2.如何预防艾滋病？

3.口岸公共卫生的作用是什么？

4.日常生活中，应该如何保护环境？

第五章

安全应急与避险

【名人名言】

后生可畏，焉知来者之不如今也？

——孔子

青春之所以美好，就因为它能追求！青春之所以幸福，就因为它有前途！

——叶辛

第一节　现场急救技能

案例导入

煤气中毒

2022年5月3日清晨，沈阳一家馒头店发生一起煤气中毒事故，3名工人生命危急。急救小组赶到现场，立即进屋并开窗通风，将患者转移到室外通风良好的地方。此时患者仍处于昏迷状态，护士为他们进行了高流量的吸氧治疗及基础生命体征的监测。脱离了封闭环境后的患者渐渐地恢复了意识。

请思考：

1.一氧化碳中毒的症状有哪些？

2.在这种情况下应该如何对患者进行急救？

一、现场急救的原则

在现实生活中，当遇有伤病员外伤出血、骨折、休克等，均需要目击者或医务人员在现场进行抢救。现代医学告诉人们：猝死患者抢救的最佳时间是4分钟之内，严重创伤伤员抢救的黄金时间是30分钟之内。另外，由于目击者没有医务人员的指导，盲目地搬动、运送病员，造成病员的疾病加重的情况也常有发生。人们在发生意外伤害事件后，若在从现场到医院的这段时间内得到及时、正确、有效的院前急救，可使意外伤害得到控制，使患者机体的功能损伤减少到最低程度，为后期治疗成功获得可贵的时间及机会，在最大限度上提高人们往后的生活质量，这就是现场急救的重要性所在。

现场救护的总原则是先救命，后治伤。要迅速判断伤员的致命伤，保持呼吸道通畅，维持循环稳定，伤员呼吸心跳骤停时应立即对其进行心肺复苏（以下简称CPR）。

无论是在作业场所、马路等户外，还是在情况复杂、危险的现场，发现危重伤员时，“第一目击者”对伤员的现场急救要做到以下几项基本原则。

（1）保持镇静，不要惊慌失措，并设法维持好现场的秩序。

（2）及时呼救，如发生意外的现场无人时，应向周围大声呼救，请求来人帮助或设法联系有关部门，不要单独留下伤病员无人照管。遇到严重事故、灾害或中毒时，除急救呼叫外，还应立即向有关政府、卫生、防疫、公安、新闻媒介等部门报告，如报告现场在什么地方、伤病员有多少、伤情如何、都做过什么处理等。

（3）根据伤情对病员边分类边抢救，处理的原则是先重后轻、先急后缓、先近后远。

（4）对呼吸困难、窒息和心跳停止的伤病员，应原地抢救。在周围环境不危及生命的条件下，一般不要随便搬动伤员。

（5）对伤情稳定、转运途中不会加重伤情的伤病员，迅速组织人力，利用各种交通工具分别将其转运到附近的医疗单位进行急救。

二、心肺复苏术

心脏停搏、呼吸骤停是最常见的紧急事故情况，如能在现场及时、正确地抢救伤者，部分生命就能被挽救。相反，伤者会因全身严重损伤未得到及时救治而失去生命。正常情况下，心脏停搏3秒时，患者就会感到头晕；10秒时即出现昏厥；30～40秒后出现瞳孔散大；60秒后呼吸停止、大小便失禁；4～6分钟后大脑发生不可逆的损伤。如在4分钟内实施初步的CPR，在8分钟内由专业人员进一步实施心肺复苏，抢救成功的可能性最大。因此时间就是生命，速度是关键。在死亡边缘的患者，初期4～10分钟是患者能否存活的最关键的“黄金时刻”，决定着抢救程序是否能继续进行。在“黄金时刻”抢救患者生命最关键的措施是CPR。

（一）现场心肺复苏初级救生的操作流程

（1）观察与自我保护。救人前提是自我防护，同时要观察现场环境安全。

（2）判断意识。轻拍伤员双肩，在两侧耳朵呼喊：“先生（女士），你怎么啦，你能听见我说话吗？”时间持续5～10秒，切忌拍脸、摇头、随意晃动伤病员身体。

（3）呼救。在原地高声呼救。若周围有人，请人帮忙拨打急救电话，并寻找是否有懂急救操作的人员来进行临时救护。

（4）体位。将伤员的衣扣及裤带解松，伤员应保持水平仰卧，注意翻身时应将躯干整体转动以保护脊柱，必须在坚硬地面上进行，同时救护者应跪（站）在伤员的肩侧。

（5）判断脉搏。用食指和中指按压伤员颈总动脉，保持在10秒内，迅速判断脉搏情况，但非医务人员可不作判断。

（6）胸外心脏按压。按压部位：男子和儿童定位在胸部正中央两乳连线的中点，按压在胸骨下1/2处，不能按压肋骨；成年女性的定位在一手的食指、中指沿一侧肋弓向内上方滑行至两肋弓交界处，另一掌根紧靠食指放于胸骨上。按压姿势应以手臂垂直，腕、肘、肩关节呈一直线，身体前倾为宜（图5-1）。按压频率100～120次/分，按压深度至少5厘米。按压回复时间=1∶1。胸廓完全回复后，再施压，按压次数为30次，按压有效指征为颈动脉搏动。

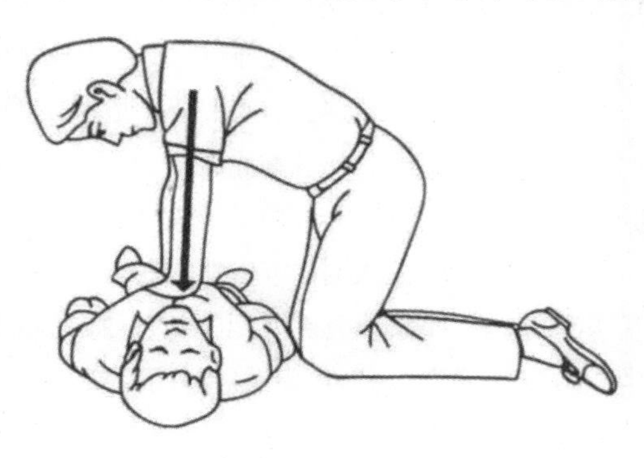

图5-1　胸外心脏按压

（7）判断呼吸。一看：患者胸部有无起伏；二听：有无呼吸声音；三感觉：用脸颊接近患者口鼻，感觉有无呼出气流。

（8）开放气道。仰头举颏法（压额提须）：使下颌角与耳垂连线垂直于地面，鼻孔朝天，成人呈90°、儿童呈60°、婴儿呈30°，开放气道，避免舌头和会厌部阻塞呼吸道。如口腔内有异物，应小心用手指掏出。

（9）人工呼吸。捏紧鼻孔，平静吸气，用双唇紧盖患者口部吹气，每次吹气＞1秒，潮气量500～600毫升，5～6秒吹气一次，共吹2次。吹气后，检查胸廓是否有起伏，每分钟10～12次，避免过度通气。

（10）尽早除颤。由于心脏骤停早期最常见的是室颤，而除颤以治疗室颤最为有效，但成功除颤的机会转瞬即逝，如果未及时转复室颤，数分钟内室颤就可能转为心脏停搏。如出现心脏骤停，应立即进行电击除颤，越快越好，院外除颤可以使用自动体外除颤仪（AED）。院外不确定心脏骤停时间者，应先做5个循环（或2分钟）的胸外按压，再检查节律，判断是否除颤。而院内则应立即行CPR，电击除颤＜3分钟。

知识链接

AED及其使用步骤

AED是一种便携式、易于操作，稍加培训即能熟练使用，专为现场急救设计的急救设备，从某种意义上讲，AED不仅是一种急救设备，更是一种急救新观念，一种由现场目击者最早进行有效急救的观念。AED有别于传统除颤器，可以经内置电脑分析和确定发病者是否需要予以电除颤。除颤过程中，AED的语音提示和屏幕动画操作提示使操作更为简便易行。自动体外除颤器对多数人来说，只需几小时的培训便能操作。AED使用步骤如有如下五个方面。

（1）开启AED，打开AED的盖子，依据视觉和声音的提示操作（有些型号需要先按下电源）。

（2）给患者贴电极，在患者胸部适当的位置上，紧密地贴上电极。通常而言，两块电极板分别贴在右胸上部和左胸左乳头外侧，具体位置可以参考AED机壳上的图样和电极板上的图片说明。也有使用一体化电极板的AED，如在2022北京冬奥会会场配置的ZOLL AED Plus。

（3）将电极板插头插入AED主机插孔。

（4）开始分析心律，在必要时除颤，按下“分析”键（有些型号在插入电极板后会发出语音提示，并自动开始分析心率，在此过程中请不要接触患者，即使是轻微的触动都有可能影响AED的分析），AED将会开始分析心率。分析完毕后，AED将会发出是否进行除颤的建议，当有除颤指征时，不要与患者接触，同时告诉附近的其他任何人要远离患者，由操作者按下“放电”键进行除颤。

（5）一次除颤后未恢复有效灌注心律，需进行5个周期CPR（心肺复苏术）。

现场心肺复苏的过程就是做5个循环，即5个按压与呼吸的频次为30：2（30次胸外心脏按压：2次人工呼吸）后，再进行检查与判断。如果旁观者没有经过心肺复苏术培训，可以提供只有胸外按压的CPR。即“用力按，快速按”，在胸部中心按压，直至患者被专业抢救者接管。而训练有素的救援人员，应该为患者提供胸外按压，并且胸外按压和通气同时进行。在到达抢救室前，抢救者应持续实施CPR。

（二）注意事项

（1）口对口吹气量不宜过大，一般不超过1200毫升，胸廓稍起伏即可。吹气时间不宜过长，

过长会引起急性胃扩张、胃胀气和呕吐。吹气过程要注意观察患者气道是否通畅，胸廓是否被吹起。

（2）胸外心脏按压的位置必须准确。不准确容易损伤患者其他脏器。按压的力度要适宜，过大过猛容易使胸骨骨折，引起气胸血胸；按压的力度过轻，胸腔压力小，不足以推动血液循环。

（三）心肺复苏有效的体征和终止抢救的指征

（1）观察颈动脉搏动，有效时每次按压后就可触到一次搏动。若停止按压后搏动停止，表明应继续进行按压。如停止按压后搏动继续存在，说明患者自主心搏已恢复，可以停止胸外心脏按压。

（2）若无自主呼吸，人工呼吸应继续进行，或自主呼吸很微弱时仍应坚持给患者人工呼吸。

（3）复苏有效时，可见患者有眼球活动，口唇、甲床转红，甚至脚可动；观察瞳孔时，可由大变小，并对光有反射。

（4）当有下列情况可考虑终止复苏：①心肺复苏持续 30 分钟以上，仍无心搏及自主呼吸，现场又无进一步救治和送治条件，可考虑终止复苏；②脑死亡，如深度昏迷，瞳孔固定、角膜反射消失，将患者头向两侧转动，眼球原来位置不变等，如无进一步救治和送治条件，现场可考虑停止复苏；③当现场危险威胁到抢救人员安全以及医学专业人员认为患者死亡，无救治指征时，可终止复苏。

三、外伤止血及包扎固定

在各种安全事故和意外伤害中，由于外伤引起的出血常有发生。当一次出血量超过全部血容量的 20% 时，就会出现脸色苍白、脉搏细弱等休克表现，如不及时予以止血与包扎，就会威胁到患者的局部和全身器官功能；当出血量达到总血量的 40% 时，就会有生命危险。

（一）常见出血的分类

根据出血的部位，可分为外出血（体表可见到，血管破裂后血液经皮肤损伤处流出体外）和内出血（体表见不到，血液由破裂的血管流入组织、脏器或体腔内）两种。

另外，根据出血的血管种类，还可分为动脉出血（血色鲜红，出血呈喷射状，与脉搏节律相同，危险性大）、静脉出血（血色暗红，血流较缓慢，呈持续状，不断流出，危险性较动脉出血小）及毛细血管出血（血色鲜红，血液从整个伤口创面渗出，一般不易找到出血点，常可自动凝固而止血，危险性小）三种。

（二）失血的表现

一般情况下，一个成年人失血量在 500 毫升时，可以没有明显的症状。当失血量在 800 毫升以上时，伤者会出现面色、口唇苍白，皮肤出冷汗，手脚冰冷、无力，呼吸急促，脉搏快而微弱等症状。当出血量达 1500 毫升以上时，会引起大脑供血不足，伤者出现视物模糊、口渴、头晕、神志不清或焦躁不安，甚至出现昏迷症状。

（三）外出血的止血方法

1.指压止血法

指压止血法是一种简单有效的临时性止血方法。根据动脉的走向，在出血伤口的近心端，通过用手指压迫血管，使血管闭合而达到临时止血的目的，然后再选择其他的止血方法。指压止血法适用于头、颈部和四肢的动脉出血。

2.加压包扎止血法

加压包扎止血法是急救中最常用的止血方法之一。适用于小动脉、静脉及毛细血管出血。具体操作方法：用消毒纱布或干净的手帕、毛巾、衣物等敷于伤口上，然后用三角巾或绷带加压包扎；压力以能止住血而又不影响伤肢的血液循环为宜；若伤处有骨折时，须另加夹板固定；关节脱位及伤口内有碎骨存在时，不用此法。

3.加垫屈肢止血法

加垫屈肢止血法适用于上肢和小腿出血。在没有骨折和关节伤时可采用。

4.止血带止血法

当遇到四肢大动脉出血，使用上述方法止血无效时采用止血带止血法。常用的止血带有橡皮带、布条止血带等。

（四）外伤包扎

包扎是外伤现场应急处理的重要措施之一。及时正确的包扎，可以达到压迫止血、减少感染、保护伤口、减少疼痛，以及固定敷料和夹板等目的。相反，错误的包扎可导致出血增加、加重感染、造成新的伤害、留下后遗症等不良后果。

1.常用的包扎材料

常用的包扎材料有绷带、三角巾、四头带及其他临时代用品（如干净的手帕、毛巾、衣物、腰带、领带等）。

（1）绷带包扎一般用于支持受伤的肢体和关节，固定敷料或夹板和加压止血等。

（2）三角巾包扎主要用于包扎、悬吊受伤肢体，固定敷料和固定骨位等。

2.常用的包扎法

（1）环形绷带包扎法。此法是绷带包扎法中最基本的方法，多用于手腕、肢体、胸、腹等部位的包扎。

具体操作方法：将绷带作环形重叠缠绕，最后用扣针将带尾固定，或将带尾剪成两头打结固定；缠绕绷带的方向应是从内向外，由下至上，从远端至近端，开始和结束时均要重复缠绕一圈以固定，打结、扣针固定应在伤口的上部，肢体的外侧；包扎时应注意松紧度，不可过紧或过松，以不妨碍血液循环为宜；包扎肢体时不得遮盖手指或脚趾尖，以便观察血液循环情况；检查远端脉搏跳动，触摸手脚有否发凉等。

（2）三角巾包扎法。①三角巾全巾。三角巾全幅打开，可用于包扎或悬吊上肢。②三角巾宽带。将三角巾顶角折向底边，然后再对折一次。可用于下肢骨折固定或加固上肢悬吊等。③三角巾窄带。将三角巾宽带再对折一次，可用于足、踝部的“8”字固定等。

（五）骨折固定

由于暴力因素，如直接暴力（受暴力直接打击发生的骨折，如交通事故引起的骨折多属此类）、间接暴力（如从高处跌下，足先着地，引起的脊椎骨折）、肌肉拉力（如骤然跪倒时，发生的髌骨骨折，投掷物体不当时引起的肱骨骨折）等，破坏了骨的连续性或完整性而导致外伤性骨折。如果不进行有效固定，骨折断端就可能刺伤皮肤、血管和神经，而造成其他组织器官的损伤。这在安全事故和意外伤害中也是很常见的。

1.常见骨折分类

（1）闭合性骨折。骨折处皮肤完整，骨折断端与外界不相通。

（2）开放性骨折。外伤伤口深及骨折处或骨折断端刺破皮肤露出体表外。

（3）复合性骨折。骨折断端损伤血管、神经或其他脏器，或伴有关节脱节等。

（4）不完全性骨折。骨的完整性和连续性未完全中断。

（5）完全性骨折。骨的完整性和连续性完全中断。

2.骨折的症状

骨折的症状有疼痛、肿胀、畸形、骨擦音、功能障碍、大出血等。

3.骨折的固定材料

骨折的固定材料有绷带、夹板等。

4.骨折的急救原则

（1）要注意伤口和全身状况，如伤口出血，应先止血，包扎固定。如有休克或呼吸、心搏骤停者应立即进行抢救。

（2）在处理开放性骨折时，局部要作清洁消毒处理，用纱布将伤口包好，严禁把暴露在伤口外的骨折断端送回伤口内，以免造成伤口污染和再度刺伤血管和神经。

（3）对于大腿、小腿、脊椎骨折的患者，一般应就地固定，不要随便移动患者，不要盲目复位，以免加重损伤程度。

（4）固定骨折所用的夹板的长度与宽度要与骨折肢体相称，其长度一般应超过骨折上下两个关节为宜。

（5）固定用的夹板不应直接接触皮肤。在固定时可用纱布、三角巾、毛巾、衣物等软材料垫在夹板和肢体之间，特别是夹板两端、关节骨头突起部位和间隙部位，可适当加厚垫，以免引起皮肤磨损或局部组织压迫坏死。

（6）固定、捆绑的松紧度要适宜，过松达不到固定的目的，过紧影响血液循环，导致肢体坏死。固定四肢时，要将指（趾）端露出，以便随时观察肢体血液循环情况。如发现指（趾）苍白、发冷、麻木、疼痛、肿胀、甲床青紫时，说明固定、捆绑过紧，血液循环不畅，应立即松开，重新包扎固定。

（7）对四肢骨折固定时，应先捆绑骨折断端处的上端，后捆绑骨折断端处的下端。如捆绑次序颠倒，则会导致再度错位。上肢固定时，肢体要屈着绑（屈肘状）；下肢固定时，肢体要伸直绑。

四、烧烫伤

烧烫伤一般指由于接触火、开水、热油等高热物质而发生的一种急性皮肤损伤。在众多原因所致的烧伤中，以热力烧伤多见。在日常生活中烧烫伤主要是因热水、热汤、热油、热粥、炉火、电熨斗、蒸汽、爆竹、强碱、强酸等造成，其严重程度都与接触面积及接触时间密切相关。因此，在处理任何烧烫伤时，现场急救的原则是先冷静下来，迅速移除致伤位置，脱离现场，同时给予必要的急救处理，尽可能地降低烧烫伤对皮肤所造成的伤害。

（一）烧烫伤的一般处理原则

1.冲

以流动的自来水冲洗烧烫伤部位或将伤处浸泡在冷水中，直到冷却局部并减轻疼痛；或者用冷毛巾敷在伤处至少 10 分钟。不可把冰块直接放在伤口上，以免使皮肤组织受伤。如果现场没有水，可用其他任何凉的无害的液体，如牛奶或罐装的饮料。

2.脱

在穿着衣服被热水、热汤烫伤时，千万不要脱下衣服，而是先直接用冷水浇在衣服上降温。充分泡湿伤口后小心除去衣物，如衣服和皮肤黏在一起时，切勿撕拉，只能先将未黏着部分剪去，黏着的部分留在皮肤上以后处理，再用清洁纱布覆盖创面，以防污染。另外，需要注意有水疱时千万不要弄破。

3.泡

继续将伤处浸泡于冷水中至少 30 分钟，可减轻疼痛。但烧伤面积大或年龄较小的患者，不要浸泡太久，以免体温下降过度造成休克，而延误治疗时机。当患者意识不清或叫不醒时，应立即停止浸泡并赶快送医院。

4.盖

如有无菌纱布可轻覆在伤口上。如没有，让小面积伤口暴露于空气中，大面积伤口用干净的床单、布单或纱布覆盖。不要弄破水疱。

5.送

经过上述处理后，最好立即送往医院治疗（图 5-2）。

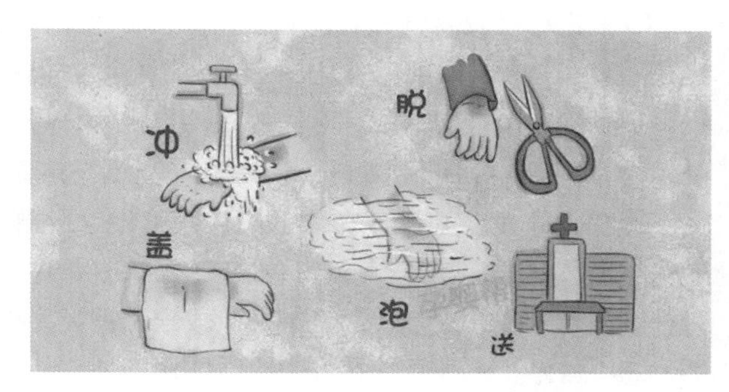

图 5-2 烧烫伤的一般处理原则

（二）注意事项

对严重烧烫伤患者，在进行上述步骤时，用凉水冲的时间要长一些，至少 10 分钟以上。同时应第一时间拨打 120 急救电话，在急救车到来之前，需要检查患者的呼吸道、呼吸情况和脉搏，做好心肺复苏的急救准备。

五、中暑

盛夏时分，往往在通风不良或闷热的房间内以及烈日下和高温环境里，由于高温不断作用于人体，体内散热困难，易引起头痛、头晕、体温升高、恶心和呕吐等中暑症状，严重的甚至可发生虚脱晕倒。

急救方法：首先将患者搬到阴凉通风的地方平卧（头部不要垫高），解开衣领，同时用浸湿的冷毛巾敷在头部，并快速扇风。轻者一般经过上述处理会逐渐好转，再服用一些人丹或十滴水。重者，除上述降温方法外，还可用冰块或冰棒敷其头部、腋下和大腿腹股沟处，同时用井水或凉水反复擦身、扇风进行降温。严重者应立即送医院救治。

六、电击伤

电击伤，俗称触电，是由于电流通过人体所致的损伤。大多数电击伤是因人体直接接触电源所致，也有被数千伏以上的高压电或雷电击伤。

（一）表现

接触1000伏以上的高压电多出现呼吸停止，200伏以下的低压电易引起心肌纤颤及心搏停止，220～1000伏的电压可致心脏和呼吸中枢同时麻痹。触电局部可因深度灼伤而呈焦黄色，与周围正常组织分界清楚，有两处以上的创口，一个入口、一个或几个出口，重者创面深及皮下组织、肌腱、肌肉、神经，甚至深达骨骼，呈炭化状态。

（二）急救措施

（1）立即切断电源，或用不导电物体如干燥的木棍、竹棒或干布等物使患者尽快脱离电源。急救者切勿直接接触触电患者，防止自身触电而影响抢救工作的进行（图5-3）。

图5-3　切断电源

（2）当患者脱离电源后，应立即检查患者全身情况，特别是呼吸和心跳，发现呼吸、心跳停止时，应立即就地抢救。

①轻症，即神志清醒、呼吸心跳均自主者，患者就地平卧，严密观察，暂时不要站立或走动，防止继发休克或心衰。

②呼吸停止、心搏存在者，应使其就地平卧解松衣扣，通畅气道，立即对其进行口对口人工呼吸，有条件的可施行气管插管，加压氧气人工呼吸。亦可针刺伤者人中、十宣、涌泉等穴，或给予呼吸兴奋剂（如山梗菜碱、咖啡因、尼可刹米）。

③心搏停止、呼吸存在者，应立即作胸外心脏按压。

④呼吸心跳均停止者，则应在施行胸外心脏按压的同时进行人工呼吸，以建立呼吸和循环，恢复全身器官的氧供应。

⑤处理电击伤时，应注意有无其他损伤，如触电后弹离电源或自高空跌下，常并发颅脑外伤、血气胸、内脏破裂、四肢和骨盆骨折等。如有外伤、灼伤均需同时处理。

⑥现场抢救中，不要随意移动患者，若确需移动时，抢救中断时间不应超过30秒。移动患者或将其送医院，除应使患者平躺在担架上并在背部垫以平硬阔木板外，还应持续抢救。心

跳呼吸停止者要继续施行人工呼吸和胸外心脏按压，在医务人员未接替前救治不能中止。

七、高空坠落伤

高空坠落伤是指人们日常工作或生活中，从高处坠落，受到高速的冲击力，使人体组织和器官遭到一定程度破坏而引起的损伤，多见于建筑施工和电梯安装等高空作业，通常有多个系统或多个器官的损伤，严重者当场死亡。进行高空坠落伤急救时，应注意以下几方面。

（1）去除患者身上的用具和口袋中的硬物。

（2）在搬运和转送过程中，颈部和躯干不能前屈或扭转，而应使脊柱伸直，绝对禁止一个抬肩一个抬腿的搬法，以免发生或加重截瘫。

（3）创伤局部需妥善包扎，但对颅底骨折和脑脊液外漏患者切忌作填塞，以免导致颅内感染。

（4）颌面部伤员首先应保持呼吸道畅通，撤除假牙，清除移位的组织碎片、血凝块、口腔分泌物等，同时松解伤员的颈、胸部纽扣。

（5）出现周围血管伤时，会压迫伤部以上动脉干至骨骼，应直接在高空坠落伤口上放置厚敷料，绷带加压包扎以不出血和不影响肢体血循环为宜。

（6）有条件时迅速给予患者静脉补液，补充血容量。

（7）快速平稳地将患者送往医院救治。

八、蛇虫咬伤

我国地形复杂、植被条件优渥，各种蛇虫分布范围广，种类也很多。在我国，每年被毒蛇毒虫咬伤者不计其数。俗话说“七蜂八蛇”，意思是每年夏秋季节，尤其是七八月份，天气闷热潮湿，各种毒蛇、毒虫（如蜜蜂、隐翅虫等）也开始大量繁殖，活动频繁。

（一）毒蛇咬伤

1.临床表现

毒蛇咬伤后有的可引起四肢肌肉瘫痪和呼吸肌麻痹；有的表现为心肌损害和心力衰竭；有的也可以引起凝血机理紊乱、出血和溶血。毒蛇咬伤造成的死亡率为 5%～30%。而如果不幸被剧毒的眼镜王蛇咬伤，死亡率则高达 90%以上。蛇伤还会导致伤残，很多人因为蛇伤而终身丧失了劳动能力。毒蛇咬痕与无毒蛇咬痕的区别如图 5－4 所示。

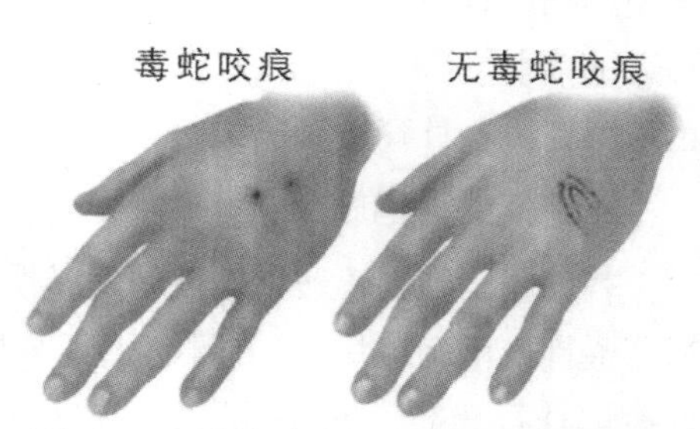

图 5－4 毒蛇咬痕与无毒蛇咬痕的区别

2.伤后处理措施

在自救的过程中，须力求减少蛇毒的吸收，即在伤口上方或超过伤口一个关节处绑扎止血带，越早越好，止血带的紧松度以压迫静脉但不影响动脉血供为准（即在结扎的远端仍可摸到动脉搏动）。若无止血带，暂以布带替代，2 小时后再予松绑。切忌每隔 15 分钟就放松止血带，否则反而会使蛇毒吸收增快。在 2 小时内足以完成伤口内蛇毒的清除以及全身蛇毒的中和等治

疗。用肥皂水和清水先清洗伤口周围皮肤，然后用温开水或0.02%高锰酸钾溶液反复冲洗伤口，洗去黏附的蛇毒液再沿毒蛇牙痕作切口，进行冲洗和排毒，最后送至就近医院继续治疗。

（二）蜜蜂蜇伤

1.临床表现

被蜜蜂蜇后，轻者伤处见中心有淤点的红斑、丘疹或风疹块，有烧灼及刺痛感；重者伤处会立即出现一片潮红、肿胀、水疱，局部并伴有剧痛或瘙痒，同时还会伴有发热、头痛、甚至昏迷等。对蜂毒过敏者，可迅速发生颜面、眼睑肿胀，呼吸困难，血压下降，神志不清等过敏性休克现象，严重时会因呼吸循环衰竭而亡。

2.伤后处理措施

首先不要紧张，保持镇静。有毒刺刺入皮肤者，应先拔去毒刺。选用肥皂水、3%氨水、5%～10%碳酸氢钠水、食盐水或糖水洗敷伤口。距刺伤周围约2厘米处，涂一圈溶化的蛇药片，有解毒、止痛、消肿之功效。

（三）隐翅虫蜇伤

隐翅虫种类繁多，广布世界各地。它们白天栖居于杂草石下，多夜间活跃，且有趋光性，易被灯光吸引入室。当跌落、停留在人体皮肤表面，被拍打或捏碎时，其体内的毒液接触皮肤会引发强烈的刺激性反应，引起接触性皮炎。

1.临床表现

隐翅虫蜇伤容易出现在脸面、颈肩及四肢等暴露部位，病程约1～2周，开始仅为一条或多条索条状、小片状水肿性红斑，随后红斑上密集排列有小水疱和脓疱，脓疱可相互融合。可伴有周围皮肤红肿，痛痒难忍。皮损轻者仅有瘙痒感及烧灼感，皮损严重者可出现剧痛并伴有头痛、发热、局部淋巴结肿大等全身不适的症状（图5-5）。皮损消退后，可遗留暂时性色素沉着斑，且容易复发。

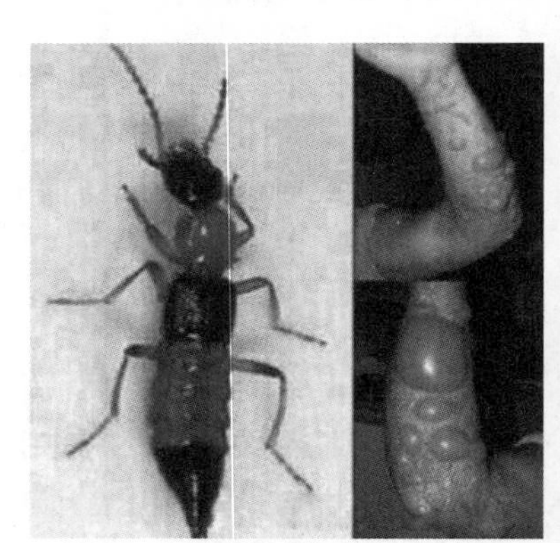
图5-5　隐翅虫与隐翅虫皮炎

2.伤后处理措施

若皮肤沾染了毒液，应立即用碱性肥皂液清洗，或涂擦10%氨水，或用浓度为1∶8000的高锰酸钾溶液，或用5%的小苏打（碳酸氢钠）溶液，以中和毒素。初患隐翅虫皮炎的患者可外擦炉甘石洗剂，也可用肤轻松软膏外搽患处；局部出现脓疱或糜烂者，可加用抗生素软膏；患处剧痒、皮疹广泛、症状严重者可选服息斯敏、扑尔敏等抗组胺药物进行治疗。如长期不愈或病情加重者，应及时到医院诊治。

3.预防隐翅虫蜇伤

（1）搞好个人卫生、室内外及周围环境卫生，及时清理室内垃圾、室外的杂草污水等，以消灭隐翅虫孳生地。

（2）居室使用纱窗、蚊帐，夜晚室内尽量少开灯并关好纱窗，必要时可喷洒适量的杀虫剂。

（3）在户外活动时，最好穿上长衣长裤，或使用一些驱虫液。

（4）若发现隐翅虫停留在皮肤上，切忌用手拍打或挤捏，应用嘴将其吹走，并及时用肥皂清洗接触隐翅虫的皮肤，以免其体内的毒液溅到皮肤上。

（5）尽量采取各种驱蚊措施，如点蚊香、擦花露水等。

九、刺伤

刺伤多为锐性尖物所引起，这类伤多半小而深，有时会伤及深处的神经、血管及重要器官，若并发感染，特别是厌氧菌的感染，不及时处理则会导致严重后果发生，危及生命。

（一）急救措施

（1）遇到较深的刺伤，如果不在重要器官附近，可以拔除异物，并从伤口把血和细菌挤出来，再用消毒纱布包上，然后去医院诊治。

（2）如对刺伤的位置和深度没有把握，就不能把刺物拔掉，应速去医院，经医生检查后，确定未伤及内脏及较大血管时，再拔出异物，以免发生大出血而引发生命危险。

（二）注意事项

（1）刺伤后，经简单的急救处理后，应速去医院注射破伤风类毒素或抗毒血清，同时按医嘱用抗菌素或消炎药。

（2）能引起破伤风的破伤风杆菌，在任何土壤中都能长期存活，即使再轻的伤也能被感染。患破伤风后会出现无法进食、全身痉挛的症状，甚至会因呼吸肌痉挛窒息而死亡。

（3）刺伤时还可能会有异物存留，如竹棍刺入皮肤，在拔出的过程中会有倒刺遗留；刺入皮肤的钢针，也会产生针头部分折断现象。必须去除刺伤后的异物，伤口才会痊愈；如果异物较深，就必须让医生处理。

（4）踩在长锈或带土的钉子上，不要认为涂上红药水就万事大吉了，它更有感染破伤风的危险。

十、急性酒精中毒

酒精的化学名称叫乙醇，对中枢神经系统具有先兴奋后抑制的作用。严重时，可抑制呼吸中枢甚至麻痹，而且对肝脏也有毒性。

（一）表现

一旦酒醉，首先出现兴奋现象，即红光满面、爱说话、语无伦次，步态不稳以致摔倒；然后出现呕吐、昏睡、颜面苍白、血压下降，发生急性酒精中毒；最后陷入昏迷，极严重的甚至可造成死亡。

（二）急救措施

（1）浸冷水。当酒醉者不省人事时，可取两条毛巾，浸上冷水，一条敷在后脑上，一条敷在胸膈上，并不断地用清水灌入口中，可使酒醉者渐渐苏醒。

（2）敷花露水。在热毛巾上滴数滴花露水，敷在酒醉者的脸上，此法对醒酒止呕吐有奇效。

（3）多喝茶。沏上些绿茶（浓一些为好），晾温后多喝一些。由于茶叶中所含的单宁酸能分解酒精，从而使酒醉者酒精中毒的程度得到减轻。

（三）注意事项

（1）轻度酒醉者，经过急救，睡几个小时后，就会恢复常态。如果过度兴奋甚至已陷入昏迷，就应请医生进行处理。

（2）空腹喝酒还可能引起低血糖症。此时应喝点糖开水，禁忌喝醋。同时还要注意保暖和卧床休息。如出现抽搐、痉挛时，要防止咬破舌头。

十一、急性一氧化碳中毒

急性一氧化碳（CO）中毒，俗称煤气中毒，煤、煤气或其他含碳物质燃烧不完全，都会产生CO。当空气中CO浓度增加时，吸入的CO会与红细胞中的血红蛋白结合，形成碳氧血红蛋白，从而造成机体的严重缺氧而死亡。

（一）表现

CO中毒后，最初感为头痛、头昏、全身无力、恶心、呕吐，随中毒的加深会出现昏倒或昏迷、大小便失禁、面呈樱桃红色及发绀、呼吸困难的表现，重者会因呼吸循环衰竭而死亡。

（二）中毒环境

（1）北方冬季会用煤炉取暖，由于无烟筒或烟筒堵塞、漏气及使用木炭火锅、煤气淋浴器或用炭火取暖等，若此时门窗紧闭、通风不好便有可能发生CO中毒。

（2）火灾现场产生大量CO，火灾区域内人员吸入后，因浓度过大，短时间内会引起急性中毒。

（3）工业生产过程中产生大量CO，因缺乏安全设施或由于机械失检漏气，会引起急性中毒。

（4）冬季紧闭门窗的单车库内，连续较长时间发动汽车或废气暖气管漏气，亦可发生中毒。

（5）冬季用石灰水刷室内墙壁，用煤炉烘房时，若门窗紧闭也会发生中毒。

（三）急救措施

（1）立即打开门窗通风，使中毒者离开中毒环境，转移到通风好的房间或院内，吸入新鲜空气，并注意保暖。

（2）让清醒者喝热糖茶水，有条件时尽可能吸入氧气。

（3）对呼吸困难或呼吸停止者，应对其进行口对口人工呼吸，且需坚持两小时以上；同时要清理其呕吐物，并保持呼吸道畅通。对心跳停止者，须进行心肺复苏，同时呼叫急救中心进行救治。

（4）尽早将伤者送高压氧舱治疗，这是CO中毒的特效疗法。

十二、农药中毒

农药中毒是中毒和意外死亡的主要病因之一，以急性生活性中毒为多，主要是由于误服或自杀，滥用农药引起。生产作业环境污染所致农药中毒，主要发生于农药厂生产的包装工和农村施用农药人员之间。在田间喷洒农药或配药及检修施药工具时，均容易经皮肤和呼吸道吸收农药发生急性中毒。

（一）表现

在接触农药过程中，如果农药进入人体的量超过了正常人的最大耐受量，使人的正常生理功能受到影响，出现生理失调、病理改变等一系列中毒的临床表现，就是农药中毒现象。

（二）急救措施

（1）彻底清除毒物，立即脱掉污染衣服，彻底冲洗被污染的皮肤、黏膜、头发等。

（2）防止毒物继续吸收，尽快清除尚未吸收的毒物，促进毒物排泄，包括催吐、洗胃、导泻等，解毒可用阿托品 2 毫升进行皮下注射，并急送医院进行抢救。

十三、沼气中毒

甲烷（CH_4），又称为“沼气”，是一种无色无味的气体，是天然气、煤气的主要成分，广泛存在于天然气、煤气、沼气、淤泥池塘，密闭的窖井、池塘、煤矿（井）和煤库中。倘若上述环境空气中所含甲烷浓度高，使氧气含量下降，就会使人发生窒息，严重者会导致死亡。

（一）表现

若空气中的甲烷含量达到 25%～30%时，就会使人发生头痛、头晕、恶心、注意力不集中、动作不协调、乏力、四肢发软等症状。若空气中甲烷含量超过 45%～50%以上时，就会因严重缺氧而出现呼吸困难、心动过速、昏迷以致窒息而死亡。

（二）急救措施

发生沼气中毒时，应立即将中毒患者转移到空气流通的地方，解开患者衣扣和裤带，使其保持呼吸道畅通。同时注意保暖，以防发生受凉和继发感染。对轻度中毒患者一般不需特殊处理，可根据情况服用去痛片、利眠宁等药。对中度、重度中毒患者，应给予刺激疗法，针刺人中、涌泉等穴位，并及时送医院抢救。

十四、呼吸道异物阻塞

呼吸道异物阻塞是由于某些物体堵塞在呼吸道内，导致空气无法正常进入肺部，从而影响正常呼吸。其发生原因多由于进食时注意力不集中，如进食时谈笑等，使异物直接进入呼吸道。呼吸道异物阻塞是一种极为紧急的状态，必须紧急处理，严重者可导致窒息死亡。

（一）表现

呼吸道异物阻塞主要表现为突然的刺激性咳嗽，反射性呕吐，声音嘶哑，呼吸困难；特殊表现为“V”字状手势，重者不能说话、咳嗽、呼吸，短时间内失去知觉，窒息甚至呼吸停止。

（二）急救措施

（1）采用海姆立克急救法。施救者站在患者身后，用双手抱住患者的腰部，一手握拳，用拇指的一侧抵住患者的上腹部肚脐稍上处，另一只手压住握拳的手，两手用力快速向内向上挤压（图 5-6）。

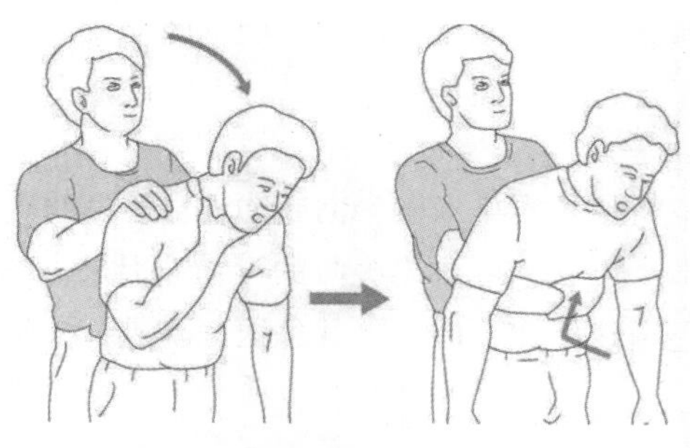

图 5-6 海姆立克急救法

（2）当患者昏迷倒地时，救护者应面向患者，两腿分开跪在患者身体两侧，双手叠放，下面手掌根放在患者的上腹部肚脐稍上处，两手用力快速地向内向上挤压。

（3）婴幼儿发生呼吸道异物阻塞时，须将孩子面朝下放在施救者的前臂上，再将前臂支撑在大腿上方，用另一只手拍击孩子两肩骨之间的背部，促使他吐出异物。如果无效，可将孩子翻转过来，面朝上，放在大腿上，托住背部，头低于身体，用食指和中指猛压其下胸部（两乳头连线中点下方一横指处）。反复交替进行拍背和胸部压挤，直至异物排出。

十五、脑震荡

脑震荡为一种轻型脑损伤，是指头部遭受外力打击后，即刻发生的短暂的脑功能障碍。在对抗性强的运动中易发生脑震荡伤害，如篮球运动中被球击中头部、足球运动中争抢头球时受到撞击等。速度较快的运动项目，如滑冰、滑雪时不甚摔倒，也可能撞到头部导致脑震荡。

（一）表现

脑震荡常常会伴随着头痛、恶心、呕吐等现象，有时候还会出现失去平衡、视觉障碍和身体疲劳等状态，可能还会伴有记忆模糊、思维迟钝、记忆减退、易怒、忧郁、嗜睡或难入睡等情况。

（二）急救措施

对于脑震荡伤势较轻者，让其保持冷静，停止运动，判断其状态。及时观察脑震荡者是否出现一时性的神志恍惚或意识丧失，严重者要及时送医院进行治疗。

第二节　交通安全

案例导入

飞车“表演”酿惨祸

2021 年暑假期间，某中学 15 岁学生陈杰（化名）搭乘两个伙伴，无证驾驶着一部两轮摩托车在马路上飞驰，结果悲剧出现了。他们在路上与同向行走的陈某追尾，造成驾车人陈杰和被追尾的陈某当场死亡、搭乘摩托车的两个伙伴受重伤的惨剧。

请思考：

1.上面案例中，造成这起事故的原因有哪些？

2.日常骑行时，应注意哪些方面以保证骑行安全？

一、行路安全

衣、食、住、行是人类生存的基本条件，步行是最常见的交通形式。但行人遵守交通规则的意识淡薄是当前的突出问题，闯红灯、横穿马路、走机动车道、翻越护栏等各种交通违法行为呈现上升趋势，由此导致人们在日常生活中都不可避免地会遇到行路的安全问题，在路上发生交通安全事故也是常有的事情。因此，要懂得一些行路安全常识，遵守交通法规，尽量避免或减少行路交通事故的发生。

（一）行路安全常识

（1）行路应走人行道，并自觉让出盲人专用的盲道，主动避让来往车辆，尤其是在弯道和岔路口。在公园和旅游景区或步行街上，行人虽然可以在道路中央行走，但也应注意有可能仍有车辆通行。

（2）标识有汽车专用入口处的地方，如高速公路，禁止行人进入。此外，施工路段、机动车道及临时交通管制的部分路段都是禁止行人通行的，千万不能贪图一时方便而踏入禁区，陷自己于危险境地。

（3）在无人行道行走时靠路右边走；走路时思想集中，不要东张西望、嬉闹追逐、看书或者玩手机等。

（4）横过机动车道时，若路段上有行人过街设施（如天桥、地下通道），应当从行人过街设施通过；没有行人过街设施的，应站在路边，选择离自己最近的人行横道（斑马线）通过；没有人行横道的，应先左后右观察来往车辆的情况，确认安全后再通过；穿过马路时应“宁停三分，也不争一秒”。不得在车辆临近时突然加速横穿，即使是马路对面有熟人，或者急于过马路时，或者自己等候的公共汽车已经进站时，也不能中途倒退、折返，以防驾驶员措手不及而发生危险。穿越马路时，要直行，不能迂回穿行。在夜间横过道路时，要尽量选择有路灯的地方。

（5）通过机动车道路口时，要注意各种信号灯的指示（红绿灯、人行横道信号灯；红灯表

示禁止通行，绿灯表示准许通行，黄灯表示警示）或者在管理人员的指挥下通行；要遵守交通规则；在通过没有交通信号和管理人员的路段时，应当十分注意驶近的车辆或停下的车辆旁边是否还有车辆驶来，无车驶临后可以迅速通过。

（6）不得在道路上使用滑板、旱冰鞋等滑行工具；不在车行道上逗留、坐卧、踢球、跳舞、游戏、玩耍、打闹等。

（7）道路上的护栏是用来分隔车辆与车辆、车辆与行人的，使人和车都按规定的路线通行。在设有护栏或隔离墩的道路上不得横穿马路。不得跨越、倚坐人行道、车行道上的道路隔离设施，不得在道路上扒车、强行拦车，不得有追车、抛物击车等妨碍道路交通安全的其他行为。

（8）文明礼貌、尊老爱幼是中华民族的传统美德，行人之间要相互礼让。对老弱病残者、负重者、孕妇等行走困难的人，要让他们先行或自己绕开另行。

（二）注意事项

（1）不要在机动车道上兜售物品、卖报纸、散发广告传单等。

（2）夜间行走要避免阴暗偏僻、行人稀少的巷道。

二、骑行安全

我国被称为“自行车王国”，是世界上拥有自行车最多的国家。但是，自行车结构简单、一碰就倒、稳定性差，因此它是交通工具中的弱者。而有些同学时常在上学、放学路上骑着自行车结伴而行，其中有些同学在机动车道上并排骑行；有的还边骑边聊，甚至互相扶肩搭背并排着骑，车子还常常很随意地左晃右摆；有的在骑车时耳朵里还塞上音乐耳机，边骑车边听歌，对其他车辆的鸣笛和司机的叫喊声全然不顾。这些行为都存在着严重的安全隐患。因此提高同学们的交通安全意识，养成良好的骑车习惯至关重要。

（一）骑行安全常识

（1）要经常检修自行车，保持车况完好。车闸、车铃是否灵敏、正常，尤其重要。没有车闸或没有车身质量安全保证的自行车不能上路；不得在车行道上学骑自行车。在生病或身体不适、状态欠佳可能影响到骑车安全时，尽量不要骑自行车。

（2）骑自行车要在非机动车道上行使，在混行车道则靠右边行驶，不逆行，尽量与行人或其他车辆保持一定安全距离。当骑车上陡坡、途中车闸失效时需下车推行；下车前，需伸手示意告知他人，同时不得妨碍后面车辆行驶。

（3）骑自行车时要减速慢行后再转弯，并向后瞭望，伸手示意，切勿突然猛拐。要超车时，与前方自行车不要靠得太近，速度不要过猛，不得妨碍被超车辆的正常行驶。

（4）遇到雨、雪、雾等天气或是经过交叉路口时，要减速慢行；路面积雪、结冰时，要推车慢行，同时要注意来往的行人、车辆及信号灯的指示；红灯时要停车等候，待绿灯亮了再继续前行。

（5）骑车时不要双手撒把，不要手中持物骑车，不要多人并骑，不要曲折行驶，不要扶身搭肩并行，不要互相追逐、打闹。

（6）骑车时不能攀扶机动车辆，不能牵引车辆或被其他车辆牵引；不能载重过多，不能骑车带人，不能在骑车时戴耳机听音乐等。

（7）骑车时，除超车外，最好单排行车。

（8）不得安装机械动力装置。因为自行车安装动力装置后速度大大增快，容易在行驶过程中与行人、车辆避让不及而发生碰撞事故。

（二）注意事项

（1）不要抢路，尤其是不要和汽车抢路，以免出事故。

（2）不要逞强，如上坡时用力过猛易拉断链条，下坡时不捏闸易失去控制而酿成大祸，弯路上不减速易冲出路面。

（3）不要在夜间和恶劣天气条件下骑车。

三、乘机动车安全

随着社会的发展，城市化进程的不断加快，人们的生活水平不断提高，汽车的数量不断增加，乘坐汽车的学生也越来越多。汽车已经成为人们最常用的交通工具，但是车祸的阴影也时时伴随着人们。生命可贵，但车祸无情。在外出乘车时，必须掌握一些乘坐机动车的安全常识。

（1）乘坐公共汽车、电车和长途汽车，须在站台或指定地点依次候车，待车停稳后，先下后上。下车后，不要突然从车前、车后走出或跑步穿越马路，防止被来往车辆撞上。

（2）车辆行进中，不要将身体的任何部分伸到车外，防止被车辆或树木、建筑物剐撞。同时，机动车在行驶中，严禁乘车人扒车和跳车。

（3）乘车时要坐稳扶好，没有座位时，要双脚自然分开，侧向站立，握紧扶手，以免车辆紧急刹车时而摔倒受伤。

（4）乘车时，要选择有交通管理部门认可的、有准运资格的、质量优良的车，不要乘坐非法营运车辆、超员车辆、带病车辆、无牌无证车辆、疲劳驾驶车辆以及有其他违法行为的车辆。

（5）严禁携带易燃易爆危险物品乘车；要注意相关安全设施和安全门位置，消防器材、救生设备的放置位置及使用方法，有安全带的要系好安全带。

（6）不得在机动车道上拦乘机动车、出租车或小客车，应在路边伸手示意，从右侧上下车；打开车门前，要先观察是否有车辆和行人通过，以免妨碍其他车辆和行人通行甚至发生碰撞。

（7）乘坐出租车时，应上车后再告诉司机目的地，这样既可以防止司机拒载，又不会因为站在车外对话而发生意外。

（8）在车辆行驶过程中，不能与驾驶员闲谈或妨碍驾驶员操作，不得有影响驾驶员安全驾驶的行为，不得在车内来回走动、打闹，不得随意开启车门、车厢和车内的应急设施，不要向车外乱丢垃圾等物品。

（9）乘坐两轮摩托车时应当在驾驶员身后两腿分开正向骑坐，并戴好安全头盔，不能偏坐或倒坐；不要乘坐货车或拖拉机。

四、轨道交通安全

铁路作为人类历史上首项轨道交通工具，具有载客量高、安全便捷、低碳环保、经济实惠等优势。近年来，我国城市建设的快速发展，在北京、上海、重庆等很多城市涌现出地铁、轻

轨等舒适快捷的轨道交通方式。乘坐这些便捷的交通工具出行已经成为很多人的选择。人们放假归家、日常出行、假期旅行不可避免地会乘坐轨道交通工具，因而有必要熟知一些轨道交通常识。

（一）铁路

（1）候车时，应严格遵守有关法律法规，站在安全白线内，等火车停稳了再有秩序地排队上车。

（2）按照站内标志，通过天桥或地道进站上车，不能穿行铁道，更不能钻爬火车。

（3）上火车时不要翻爬车窗进入车厢，不要乱跑拥挤，以免车窗滑落砸伤自己。

（4）上车后，要尽快找位置坐下，不要在车厢内嬉戏打闹，同时要听清楚列车广播报的站名和时间，避免错站下车。

（5）当火车开动时，不要跟车外的人握手或递东西，要将行李平放在行李架上，以免其掉下伤人。

（6）不要到车厢连接处玩耍，避免发生被连接板夹伤、挤伤的事故。

（7）列车行进中，千万不要把身体的任何一部分伸出窗外，以免被车窗卡住或被外面的东西撞伤。发现可疑物时，应马上用车厢内的报警器报警或者告诉乘务员，并迅速远离可疑物，切勿自行处理。

（8）在列车上打开水或泡方便面时，不要灌得太满，以防撒出烫伤。

（9）使用后的废弃物，不要随手扔到车窗外或地上，以免砸伤铁路两旁的行人。

（10）火车中途停站，在下车购买东西或散步时不要忘了及时回到座位上，以免漏乘。

（11）火车到站后，不要拥挤围堵于车门前，要仔细清点所带的物品，等火车停稳后再有秩序地下车，不能跳车。

（12）在卧铺睡觉时，睡在下铺的最好头朝里，以免被过道行人干扰；中、上铺的乘客应将头朝过道，这样既安全又能呼吸到新鲜空气有利于睡眠。在卧铺的乘客，不要中途换铺，不要人财分离。注意将车上的安全带挂好，防止睡觉时掉下来摔伤。

（13）现在许多火车都改为封闭式旅游列车，因此，应当自觉接受并配合车站、列车上实施的安全检查，千万不要在列车上玩火。

（二）轻轨、地铁

（1）轻轨、地铁的站台一般依靠电动滚梯或者台阶供行人进出站。因此，乘滚动电梯时不要拥挤，按次序靠右边上下，站稳扶牢，防止跌伤；上下台阶时不要追跑，同时要避免踩空摔倒。

（2）在站台候车时，要遵守社会公德，按照指示牌标明的位置候车。不要喧哗打闹，尤其是不能站在站台边打闹，否则可能会有生命危险。

（3）要辨清车辆上行下行的方向。车已启动时，不要强行上下车，以免被车门夹住，发生危险。上下列车时请注意站台与列车之间的空隙。

（4）列车速度较快，因此行进途中要站稳，抓紧扶手，不要倚靠车门或者手扶车门，严禁使用携带物品阻碍车门关闭。

五、乘轮船安全

我国河流纵横交错，湖泊星罗棋布。很多地方特别是水系发达的南方，日常出行，或者学校组织学生外出活动，都离不开乘船。因此，应该掌握乘轮船的一些安全常识。

（1）不要乘坐安全系数差、缺乏救护设施、无证经营的小船，不要乘坐客船、客渡船以外的船舶。不要冒险乘坐超载、人货混装的船只或者“三无”船只（无船名、无船籍港、无船舶证书）。船舶驾驶人员、轮机人员、渡工必须持有当地港务（航）监督机关发给的驾驶证、船员证、渡工证。客船、客渡船必须标有船名牌、画有载重线，并明显标记有本船额定载客数。天气恶劣时，如遇大风、大浪、暴雨、洪水、浓雾等，应尽量避免乘船，尤其要避免乘坐冒险航行的船舶，如设备简陋、技术状况不良的船舶。

（2）上下船时，必须等船靠稳，待工作人员安置好上下船的跳板后方可行动；上下船不要拥挤，不随意攀爬船杆，不跨越船挡，以免发生意外落水事故。

（3）上船后，要仔细阅读紧急疏散示意图，了解存放救生衣的位置，熟悉救生衣穿戴程序和方法，留意观察和识别安全出口处，以便在出现意外时掌握自救主动权。应尽快熟悉所乘舱位的周围环境。按船票所规定的舱位或地点休息和存放行李，应把自己的行李放在可以看到的近处，提高警惕，以防被盗，但行李不要乱放，尤其不能放在阻塞通道和靠近水源的地方。

（4）客船航行时要在座位上坐稳，不要在船上嬉闹，不要紧靠船边摄影，不要一窝蜂地拥向船的一侧，也不要站在甲板边缘向下看风景，以防眩晕或失足落水。

（5）严守船上的安全规章制度，维护好船上秩序。不要带火种到处走动，舱内禁止吸烟，严禁带易燃易爆等危险品上船。

（6）不要随便按动、摆弄船上的有关设施，不要随意跨过“旅客止步”的界限。

（7）一旦遇到特殊情况，一定要保持镇静，听从船上工作人员的指挥，不要轻率跳船。

（8）不要把身体伸出船栏杆外面，夜间航行时，不要随意打开窗帘或用手电筒向外探照，以免灯光外泄。

六、乘飞机安全

随着人们生活水平日益提高，越来越多的人在长途旅行中选择乘坐飞机，但由于高空、高速飞行，飞机一旦遭遇事故往往后果比较严重，因此，乘机安全问题一直被乘客所关注。了解乘机安全常识和一些自救措施，能够帮助人们减轻乘机时的不安心理。

（一）乘飞机安全常识

（1）选择班机时，最好选择大飞机和直航的航班，减少转机次数也就能降低碰到飞行意外的概率。

（2）登机后，应仔细阅读前排椅背上放置的安全须知，认真观看乘务员的介绍和示范，熟练掌握系上和解开安全带的方法，学会使用氧气面罩。

（3）在飞机起飞或降落未停稳时，应坐稳并系好安全带，严禁起身站立。

（4）飞机在起飞、着陆的过程中应打开窗户的遮光板，收起桌板，调直座椅靠背。

（5）在飞行期间，禁止使用以下设备，如手机、AM/FM收音机、便携式电视机、遥控玩

具等。

（6）飞行期间，不要打闹、打架或做出其他威胁飞机安全行驶的行为。

（7）在非紧急情况下，不要乱动安全门或其他逃生设备。

（8）当飞机发生紧急情况时，应保持镇定，听从机上工作人员指挥。

知识链接

飞机上的救生设施

（1）应急出口：一般在机身的前、中、后段，有提醒的标志。

（2）应急滑梯：每个应急出口和机舱门都备有应急滑梯。

（3）救生艇：平时被折叠包装好存储在机舱顶部的天花板内。

（4）救生衣：救生衣放在每个旅客的座椅下，飞机在水面迫降后穿上。

（5）氧气面罩：每个座位上方都有一个氧气面罩存储箱，当舱内气压降低到海拔高度4000米气压值时，氧气面罩便会自动脱落，只要拉下戴好即可。

（6）灭火设备：所有民航客机上都有各种灭火设备，例如干粉灭火器、水灭火器等。

（二）应对措施

（1）乘机发生意外时，应保持冷静，听从乘务人员的指示：竖直椅背，收回小桌板保证逃生通道畅通；打开遮阳板，这样可以保持良好的视线，确保乘客可以在紧急状况发生时观察机外的情形，以决定向哪一个方向逃生；如果自己或别人受伤，应尽快通知乘务人员，以便及时采取急救措施。

（2）当飞机需迫降时，应立即取下可能伤害身体的锐利物品，打开遮阳板，收起小桌板，系好安全带，将双腿分开，低头，两手抓住双腿。飞机即将着陆时，应两手用力抓住双腿、屏气，使全身肌肉紧张，来对抗飞机着陆时的猛烈冲击。

（3）飞机停稳后，应立即解开安全带，找到机舱门或紧急逃生门，从充气逃生梯滑下撤离时，应双臂前平举，轻握双拳，或双手交叉抱臂，双腿及后脚跟紧贴梯面，收腹弯腰直到滑至梯底，然后迅速离开。

（4）如果飞机坠毁在陆地上，乘客应逃到距离飞机残骸200米以外的上风向区域。如果飞机迫降在水上，飞机的救生艇会自动充气，停放在机翼上。乘客应听从机组人员指挥，穿上救生衣，依次通过安全门，登上救生艇（注意：不要在机舱内为救生衣充气，这样会造成行动不方便）。

（5）如果机内已起火充满浓烟，应采取用湿手巾掩住口鼻、贴近地面爬行的姿势接近出口，以减少浓烟的吸入和更清楚地看到地面上的安全出口指示灯。

（6）飞机迫降后，应迅速离开飞机，因为飞机随时有起火、爆炸的危险。

七、交通安全事故应急常识

交通事故已成为“世界第一害”，而中国是世界上道路交通事故伤亡人数较多的国家之一，众多的伤亡人员中，有一部分是因为缺乏必要的应急常识和应变能力。一旦出现交通危险和发生交通事故，如果当事者能够迅速果断地采取应急措施，或避开危险，或进行救护、自救，就可以争取时间，缓解险情，减少事故造成的人员伤亡和财产损失。

（一）交通事故应急措施

（1）遇到道路交通事故，不要惊慌失措，要保持冷静，迅速拨打 122 交通事故报警电话（高速公路发生交通事故应拨打 12122）和 120 急救中心电话。报警时，要清楚准确地说明交通事故发生的时间、地点、后果和附近特征，同时告知自己姓名。

（2）记住肇事汽车的车牌号、车身颜色，以及司机的体貌特征，等候交通警察来处理，为公安机关追查肇事逃逸人提供线索。

（3）在交通警察到来前，要保护好现场，不要移动现场物品；交通事故造成人员伤亡时，不能私了，以免事后伤情恶化，后患无穷。若当事人没有人身伤亡，且对事故事实及成因无争议的，可以先行撤离现场恢复交通，再自行协商处理赔偿事宜。

（4）机动车在高速公路上发生事故或出现故障时，应在故障车来车方向 150 米以外设置警告标志，车上人员应迅速离开车辆，转移到右侧路面上或应急车道内。能够移动的机动车应移至应急车道或服务区停放，以避免二次事故的发生。

（二）交通事故救助原则

（1）先抢后救。先把伤员从车里转移到车外安全地带，再实施紧急救治。

（2）先重后轻。先抢救伤势重的人，再抢救伤势轻的。

（3）先止血后包扎。伤员出血过多时，首先要采取措施有效止血，然后再包扎。

（4）先固定再搬运。搬运伤员的目的在于使伤员脱离现场危险区，为避免再次受到伤害，在搬运骨折伤员之前，必须先固定骨折部位。

（三）交通事故自救常识

（1）车辆发生撞击事故前一瞬间，乘客要握紧扶手、椅背，同时两腿微曲用力向前蹬地。车辆翻滚时，应迅速抱住头部，并缩身成球形，以减轻头部、胸部受到的冲击。遇到危急情况需要跳车时，应向车辆翻转的相反方向跳跃，以防止跳车过程中被车挤压；落地时，为了避免二次受伤，应双手抱头。

车辆落水时先不要惊慌，不要盲目企图打开车门，应先保存体力，待汽车稳定以后，再设法从安全的出口处离开，同时深吸一口气，及时浮出水面等待救援。

车辆严重撞损可能起火甚至引起爆炸时，应使用车内安全锤敲碎车窗玻璃尽快逃离，必要时可用脚、肘甚至裹着衣物的拳头击碎玻璃逃生。不要围观。

（2）被汽车剐倒、撞倒后，千万不要乱动。如果有创伤出血发生，应立即用干净的布等压住伤口包扎止血；如果有骨折，不要盲目移动。当救助人员赶来时，要及时告知自己可能受伤的部位，以免在搬动过程中使受伤部位再次受到伤害。

（3）遇到救助人员，如果意识清醒，要首先告诉对方自己的姓名、家属姓名以及联系方式。

（4）交通事故发生后，一定要及时到医院检查。因为事故中可能有些损伤不易察觉到，但随着时间的推移，症状会逐渐加重，甚至会出现严重后果。因此，在交通事故中受伤后，一定要及时去医院诊治，以免错过治疗的最佳时机。

八、常用的交通标志

交通标志是用形状、文字、符号和颜色等，按照国家规定的标准制成指示牌立于相关位置，为驾驶员和行人指示有关交通信息的安全标志。交通标志在道路交通管理中具有重要的地位，认识并熟悉交通标志既可以规范人们的交通行为，又可以避免交通安全隐患。

（1）交通标志以红、黄、蓝、绿四种颜色分别表达禁止、警告、指令和提示四种意思。

（2）交通标志一般分为警告标志、禁令标志、指示标志、指路标志等。

①警告标志。形状为等边三角形，顶角朝上一般为黄底、黑边、黑图案，用于警告车辆、行人注意容易发生交通事故或危险的地点，减速慢行（图 5–7）。

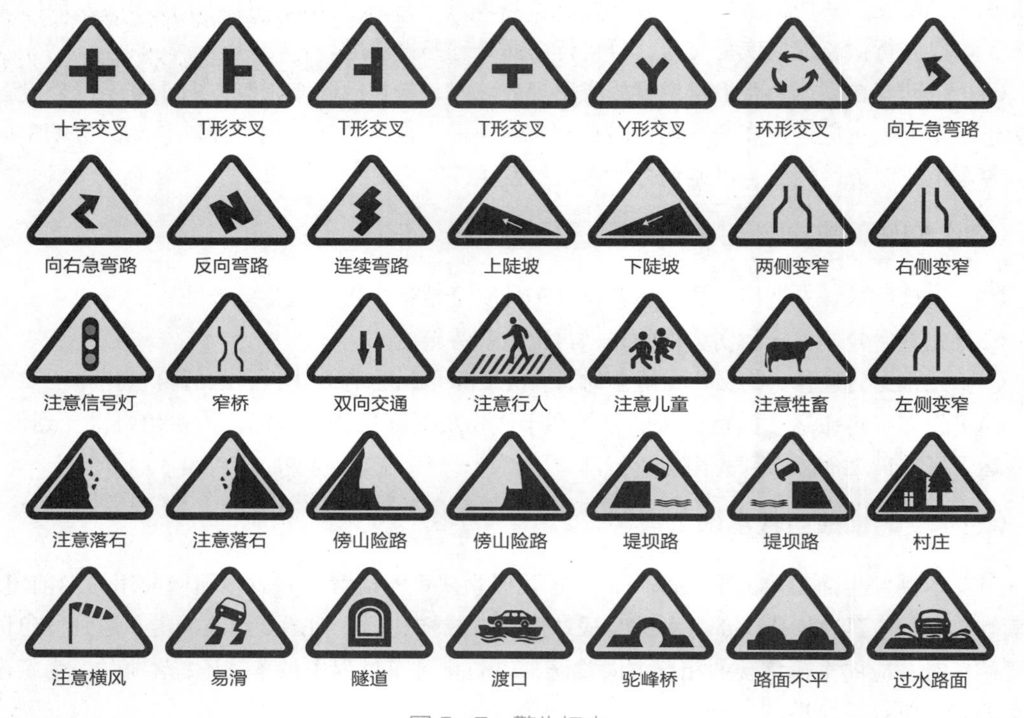

图 5–7　警告标志

②禁令标志。形状一般为圆形，颜色一般为白底、红圈、红杠、黑图案，用于禁止或限制车辆行人某种交通行为的标志（图 5–8）。

图 5-8　禁令标志

③指示标志。其形状一般为圆形、长方形和正方形，颜色一般为蓝底、白图案，用于指示车辆行人的行进方向（图 5-9）。

图 5-9　指示标志

④指路标志。形状一般为长方形和正方形，颜色为蓝底、白图案，高速公路为绿底、白图案，用于传递道路方向、地点、距离信息的标志（图 5－10）。

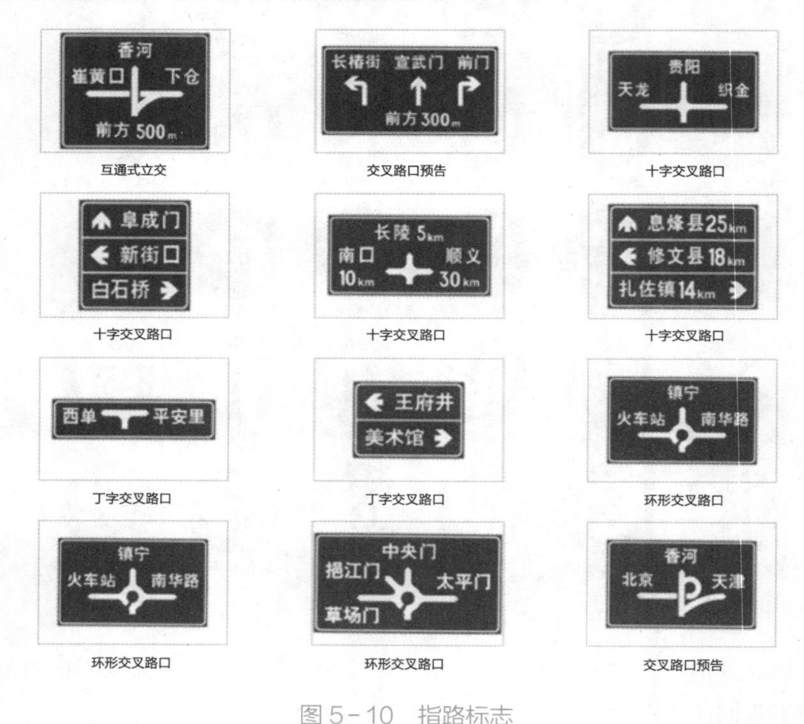

图 5－10 指路标志

第三节 社会安全

案例导入

中学生被敲诈勒索 10 余次

某日，中学生小宁（化名）步行去上学，离开家刚走出不远，就从小巷拐角处窜出一个男青年，他故意用身体撞了小宁一下，却向小宁嚷道：“你没长眼睛啊？走路不看着点。”小宁连说不是故意的，正要转身走，前面路口忽然又跑出一个人，说：“撞了人就得赔钱。”并拿出刀子指向小宁，两人拿走了小宁身上的钱和手机一部，并威胁小宁不能报警。在长达一年多的时间，小宁被敲诈勒索 10 余次，最后小宁忍无可忍，愤而报警，这两名不法分子最终落网。

请思考：

1.如果你是小宁，在第一次遇到敲诈勒索时，你会怎么做？

2.如果上述案例中小宁遇到的是抢劫，他应该怎么做？

随着社会飞速发展，人们的生活水平日益改善，随之而来的安全问题日趋复杂，敲诈勒索、偷盗抢劫、暴力事件等时有发生，给人们生命和财产安全造成了威胁。社会整体安全程度取决于一个国家的社会发展程度。另外，经济发展速度、社会公平程度、政治体制、历史文化等原因都有可能对社会安全程度产生一定的影响。由于青少年学生社会经验不足，容易成为受害对象，因此，需要了解并掌握安全风险及防范的措施，避免遭受社会上不安全事件的危害。

一、敲诈勒索

敲诈勒索是一种犯罪行为，是指以非法占有为目的，对被害人使用威胁或要挟的方法，强行索要公私财物。敲诈勒索主要方式有口头敲诈勒索、电话敲诈勒索、书面敲诈勒索、书信敲诈勒索等。《中华人民共和国刑法》第二百七十四条规定："敲诈勒索公私财物，数额较大或者多次敲诈勒索的，处三年以下有期徒刑、拘役或者管制，并处或者单处罚金；数额巨大或者有其他严重情节的，处三年以上十年以下有期徒刑，并处罚金；数额特别巨大或者有其他特别严重情节的，处十年以上有期徒刑，并处罚金。"青少年平时要提高预防各种侵害的警惕性，树立自我保护意识，掌握一定的安全防范方法，使自己在遇到异常情况时能够沉着镇静、机智勇敢地保护好自己。

（一）安全建议

（1）不要特立独行，要与周围同学和朋友搞好关系。
（2）不要轻易与社会上的闲散人员交往。
（3）不要炫富，尽量衣着普通，生活用品不求奢华。
（4）不要轻易对别人说出自己的家庭背景。
（5）出门之前要跟家人打招呼，让家人了解自己的去向。
（6）独身一人时尽量不去偏远、僻静的场所。
（7）遇到可疑的陌生人时，要及时躲避，往人多的地方走，或给家人拨打电话。
（8）多做模拟情景的演练，谨记报警电话。

（二）应对措施

如果遇到敲诈勒索，以保证自身安全为主，保持冷静，稳住对方，避免正面冲突，设法与歹徒周旋和拖延时间，使自己能够看清楚对方的相貌特征和周围的环境情况，以便自己能从容不迫地寻找脱离险境的有利时机。如果附近有人，可以边大声呼救，边向人多的地方跑。脱身后要及时报案，使不法分子受到应有的惩处，以免遭受连续侵害，并能及时地、最大限度地挽回经济损失。如遇"碰瓷"事件，不要私下处理，一定要向公安机关报警，让警方来处理。

二、抢劫

抢劫是以非法占有为目的，对财物的所有人、保管人当场使用暴力、胁迫或其他方法，强行将公私财物抢走的行为。《中华人民共和国刑法》第二百六十三条规定："以暴力、胁迫或者其他方法抢劫公私财物的，处三年以上十年以下有期徒刑，并处罚金；有下列情形之一的，处十年以上有期徒刑、无期徒刑或者死刑，并处罚金或者没收财产：（一）入户抢劫的；（二）在公共交通工具上抢劫的；（三）抢劫银行或者其他金融机构的；（四）多次抢劫或者抢劫数额巨大的；（五）抢劫致人重伤、死亡的；（六）冒充军警人员抢劫的；（七）持枪抢劫的；（八）抢劫军用物资或者抢险、救灾、救济物资的。"

案例分享

中学生遇抢劫

某日傍晚，中学生小斌（化名）放学后和爷爷一起回家。途经公园时，走在前面的小斌突然被3名陌生男子拦住索要财物，这时，小斌的爷爷跟了上来，3名男子慌忙跑掉。小斌很害怕，让爸爸第二天接自己回家。第二天傍晚，小斌和爸爸走进公园时，有3名男子看到小斌就跑了过来。小斌爸爸意识到这3名男子很可能就是昨天企图抢劫小斌的人，立即上前控制住其中一人，并扭送至派出所。

（一）安全建议

（1）回家上楼梯、开门时，注意观察是否有可疑、陌生人尾随。

（2）独自一人在家时要反锁房门，在门上安装"猫眼"，遇有陌生人敲门，应问明身份情况再决定是否开门。

（3）家中现金存放不宜过多，首饰、存折、有价证券等贵重物品，应放在不易被发现的地方。

（4）不当众数钱财，若携带大量现金或贵重物品，应找一两个人结伴同行，尽量别靠路边走。

（5）若经常走夜路，要准备好防袭击警报器、哨子、防狼喷雾等。

（6）觉得周围有可疑人员，可立即站在原地，背靠掩护物，或到附近商店、单位内暂避。

（7）在路口停车或在路边停靠时，要将所有车门锁死。

（8）行驶到偏僻地段遇陌生人拦车时，最好别停车；车在途中抛锚且处在人烟稀少或复杂地段，要及时联系最近的修理厂或打110求助。

（9）存取款时，要留意身边是否有可疑人员。输入密码时，要挡住其他人视线。在柜面上清点现金，并尽量不让旁边的人看到。

（10）取款后避免在僻静的道路行走。开车存取款的也要提高防范意识，一旦汽车轮胎被扎，应做到钱物不离身。

（11）提取大额现款时，最好能两人以上结伴并驾车而行。

（12）走路不要离马路太近，更不要走车行道；拎包要放在胸前，背包最好靠右侧斜背。

（13）对于悄悄驶近的摩托车、三轮车等要特别注意防范；若发现可疑情况，可停在人较多的道边让可疑车辆先行。

（14）若夜间独自外出，不要将包不加固定地放在自行车筐里，可把包带绕在自行车车把上，不要让包离开自己的视线。

（二）应对措施

（1）发现有人尾随或窥视，不要紧张，不要露出胆怯神态，可立刻改变原定路线，朝有人的地方走，并拨打家人、亲戚或朋友的电话求助。

（2）当抢劫案件发生时，应保持镇定，及时做出反应。抢劫犯作案后往往急于逃跑，应利用这种心理大声呼叫，并追赶作案人，迫使作案人放弃所抢的财物。若无能力制服作案人，可保持距离紧追不舍并大声呼救，引来援助者。如追赶不及，应看清作案人的逃跑方向和衣着、发型、动作等特征，及时就近到人多的地方请求帮助，并及时拨打 110 向公安机关报案。

（3）遭遇入室抢劫，应尽量与犯罪嫌疑人周旋，找时机脱身；尽量记住犯罪嫌疑人人数、体貌特征、所持何种凶器等情况，待安全后，尽快报警。

三、暴力事件

暴力事件是指通过武力侵害他人人身、财产安全的行为。当今世界仍不太平，一些种族间、民族间、不同信仰团体间仍存在较大的矛盾，暴力事件一触即发，时常危及平民百姓，给社会秩序带来了极坏的影响。一些性质恶劣的案件，作案手段之残忍，令人触目惊心，不仅造成财产损失，而且对人的身体、心理造成较大的影响，甚至危害生命安全。

案例分享

初中女生遭 12 人围殴

2022 年 4 月 2 日，网上曝光了安徽一所中学发生的校园霸凌事件，一名女生被 12 名女生围堵在墙边，遭到拽头发、轮流扇耳光的霸凌。视频显示，在 3 分钟时间里，遭遇打骂的那名女生承受了多名女生往自己脸上狂扇的 54 个耳光，但该女生始终打不还手、骂不还口。

据公开资料显示，被打者和打人者均是初一学生。事发原因主要是上体育课时，被打者与其他人发生矛盾，结果放学后就遭到多名学生的殴打。据通报显示，公安机关已对涉暴学生等 12 人依法作出处罚。

（一）安全建议

（1）青少年学生不去或少去人员集中的场所。人员集中场所发生的暴力事件伤害性最大，犯罪分子往往比较专业，伤害手法比较残忍。

（2）面对突发事件，不要围观。

（3）见义勇为要量力而行，但不能视而不见。

（4）切勿激怒暴力事件实施者。

（5）不轻信、不转载关于暴力的谣言，经历暴力事件后，禁忌传播，以免给自己带来更大的麻烦及伤害。

（二）应对措施

（1）发现可疑爆炸物时不要触动，不要大声叫嚷，应迅速、有序地撤离，不要互相拥挤，并及时报警。

（2）当预知或遇到公共场所突发暴力事件时，应在第一时间报警，请专业人员来制止、处理危害公共安全事件的发生。

（3）如果正处在公共场所暴力事件当中无法逃脱时，心里不要产生惧怕感，尽量稳定情绪，找大型器物遮掩自己并卧倒。观察现场情况，为配合警察、救己、救他人做好准备。一旦现场被控制或时机成熟，应迅速撤走、远离现场。

四、歹徒跟踪

被歹徒跟踪，对于学生来说，可能会出现以下两种情况：一是在银行取了钱被歹徒发现或外出游玩时被歹徒发现身上带了较多的钱；二是在回家或回校途中被跟踪，特别是女生在天色较晚的时候容易遇到危险。这就需要大家提高警惕，有防范歹徒的意识和必要的预防与应对措施。

（一）安全建议

1.避

走路尽量避开不安全的地带和不安全的时段。不安全地带指犯罪高发区、夜间路旁无路灯区、两侧地形地物复杂区（有树木、土堆、深坑、杂物、废墟等）。若回家或返校途中必须经过这类地带，尽量与熟人结伴，并快速通过。不安全时段，多为夜间或没行人的时间。学生回家或返校要留足时间（包括塞车的时间也应计算在内），就可以避免天色较晚的行走情况，不给歹徒跟踪的机会。

2.藏

在外游玩或回家、返校途中，自己的贵重物品和钱财应尽量分开、多处存放，需要用的零钱放在方便取的口袋里，其余的分开几处放在不易被发现的地方。零钱要留足，不要一会就用完了，又去多次取钱，否则就容易暴露自己带有更多的钱，容易引起歹徒的注意，遭歹徒跟踪。

3.警

外出时应有警惕性，随时预防被歹徒跟踪。应做到以下两点。

（1）眼观六路，耳听八方。当携带贵重物品行走时，要边走边察看行走沿线的地形地貌，留意可疑人员。

（2）前瞻后望，快速通过。若必须孤身行走在僻静、人稀、地形复杂、照明条件不好、治安状况差的路段时，一定要前瞻后望，左顾右盼，快速通过。

4.防

防备，要做到“三有、一要”。即提前有准备、有措施、有手段，遇事要冷静。

（二）应对措施

（1）发现有人尾随或窥视，不要紧张而露出胆怯神态，可迅速改变原有路线，快步走到人多、有灯光的地方，如商店或饭店，筹思良策。如果是经常走的街道，要记牢晚上开业的商店、附近的派出所或治安点等，要选择有路灯设施、行人较多的路线，时刻对路边黑暗处保持戒备。

（2）如果被歹徒盯上，可以就近进入居民区，求得帮助；如果路上有其他人，还可以向路人求助；有条件的及时报警，报知家人、朋友。

（3）若手机无电、无话费时，用假动作以对方可听到的音量假装向朋友告知自己遇到人跟踪了，并要求朋友来接应。如不幸已被歹徒抓住无法动弹，可佯装顺从，设计尽量拖延时间并引诱歹徒到有人的地方，然后找机会脱身并高声呼救。

五、陌生人闯入

在生活中难免会出现独自在家或在宿舍的情况，这时，就需要提高警惕，预防陌生人闯入。

（1）睡觉或出门前锁好院门、防盗门、防护栏等，拉上窗帘，并确保门窗的坚固，同时要能在屋内看清屋外的情况。门锁损坏或钥匙遗失后要及时更换；如果有外人使用过房门钥匙，应该尽早换锁。

（2）如果有人敲门，要多加小心，应首先从门镜观察或隔门问清楚来人的身份。如果是陌生人，不应开门。

（3）如果有人以推销员、修理工等身份要求开门，可以说明家中不需要这些服务，请其离开。

（4）遇到陌生人不肯离去、坚持要进入室内的情况，可以声称要打电话报警，或者到阳台、窗口高声呼喊，向邻居、行人求援，以震慑迫使其离去。

（5）如果有人以家长同事、朋友或者远方亲戚的身份要求开门，也不能轻信，可以请其待家长回家后再来；如果说以送水果、饮料等物品为名要进门者，不能信以为真，更不能让他们搬进家里。记住，他们把东西放在门口时不要以为他们已走了，可能他们就躲在不远处，一旦开门出来看东西，他就冲进来，那时后悔也来不及了。

（6）不邀请不熟悉的人到家中做客，切忌对来宿舍找同学的陌生人盲目热情，不要轻信陌生人，以防给坏人可乘之机。

六、外出安全

在外出的时候，不要大意，要把安全牢记心间。特别是到野外游玩时，一定要计划周密，结伴而行，防止出现意外。

（一）外出的安全建议

（1）外出时要先征得家长同意，并告诉父母自己的行程，大约何时回来，与谁在一起，联系方法等。外出应衣着朴素，不炫耀自己的富有，并尽可能结伴而行。

（2）在僻静的马路上，应面对车流行走，以免有人停车袭击。夜晚单独外出时，要带手电筒、哨子、报警器等物品，万一被袭击，可用手电筒照射匪徒面部，吹哨求救等。

（3）家门钥匙要放在身上不易被发现的地方（如兜内、脖子上、衣服内），不要放在包里，即使包被抢，仍可进家门。

（4）与陌生人交谈要提高警惕，不接受陌生人的礼物、食品，自己携带的行李物品不能让陌生人代为照看，不接受陌生人的邀请（同行或做客）；不随便透露自己的信息，如学校、家庭地址、父母电话号码等；不搭乘陌生人的顺路车。

（5）外出活动要有集体观念，由教师或家长带队，身体状况欠佳的同学不要勉强参加，未

经监护人许可，不得在外宿营；游玩前最好把家庭住址、电话，父母工作单位电话等告诉随行老师；若遇突发情况时，应立即与学校、家长报告，及时与公安、医院等部门联系。

（二）迷失方向的安全应对

（1）平时应当注意准确地记下自己家庭所在的地区、街道、门牌号码、电话号码及父母的工作单位名称、地址、电话号码等，以便需要联系时能够及时联系。

（2）在城市迷了路，可以根据路标、路牌和公共汽车的站牌辨认方向和路线，也可以认真回忆走过的道路，尽快确定方向，还可以向交通民警或治安巡逻民警求助。

（3）在农村迷了路，应当尽量向公路、村庄靠近，争取当地村民的帮助。如果是在夜间，则可以循着灯光、狗叫声、公路上汽车的发动机声寻找有人的地方求助。

（4）如果迷失了方向，要沉着镇静，不要瞎闯乱跑，以免造成意外和体力的过度消耗。

（5）外出旅行时，准备尽量周全。在事前要研究当地的地图，对所去地方要有初步认识，一旦迷路，首先要寻找地理参照物，如山峰、溪流、村庄等，然后参考地图，找到来时的路线，再确定当前方位，进而找到正确的前进方向。

第四节　校园安全

案例导入

新生被“学长”骗走3000元

新生杜某开学报到，在办理校园卡充值的时候遇到一个自称“学长”的老乡，刚到学校就遇到老乡让杜某很是欣喜。一通攀谈后，“学长”神秘地告诉杜某有办法在校园卡充值上做文章，充一百得两百，杜某信以为真，就将银行卡号和密码等告知“学长”，一通电话操作后果然校园卡上多出了一倍的金额。正当杜某还在对“学长”的恩情心存感激的时候，手机提示银行卡上的3000多元都被提取了，而此时“学长”也不见了踪影。其实根本不存在这种所谓的便宜，骗子用了很少的金钱为代价，骗得杜某的身份证号、银行卡号、密码等信息，通过网络转账将卡上的资金盗取。

请思考：

1.在校园中，可能会遇到哪些安全问题？

2.请说一说在校园中遇到的安全问题是如何解决的？

校园安全是全社会安全工作的重要组成部分，它直接关系到青少年学生能否安全、健康地成长，同时影响着千千万万个家庭的幸福安宁和社会的和谐稳定。

在我国，儿童和青少年的意外伤害多发生在学校和上、下学的途中；而在不同年龄的青少年中，15～19岁年龄段遭到意外伤害的死亡率最高。中学生正处于这一年龄段，因此，加强安全教育刻不容缓。

校园安全问题已成为社会各界关注的热点问题。保护好每一个孩子，降低意外伤害事故的发生率，是学校教育和管理的重要内容。所以要充分利用社会资源，以学校教育为主导，家庭教育为辅助，全面开展安全教育，杜绝校园暴力、校园盗窃、校园诈骗等事件的发生，共同构建安全、稳定、和谐的学习环境。

一、踩踏事故

踩踏事故是指在某一事件或某个活动过程中，因聚集在某处的人群过度拥挤，致使一部分甚至多数人因行走或站立不稳而跌倒未能及时爬起，被人踩在脚下或压在身下，短时间内无法及时控制、制止的混乱场面。人在意识到危险时，逃生是本能行为，大多数人都会因为恐惧而“慌不择路”，引发拥挤甚至踩踏，轻则造成局部的混乱，重则严重影响社会秩序。纵观历史上发生的踩踏事件，大都会造成严重的人员伤亡，给家庭和社会造成无法弥补的损失。

发生踩踏事故的两个主要诱因是人员密集和空间狭小。在拥挤行进的人群中，如果前面有人摔倒，而后面不知情的行人继续前行，很容易发生踩踏事故。在那些空间有限、人群又相对集中的场所，例如球场、商场、狭窄的街道、室内通道或楼梯、影院、超载的车辆、航行中的轮船等都隐藏着潜在的拥挤和踩踏危险，当身处这样的环境中时，一定要提高安全防范意识。

引发踩踏事故的原因有多种，一般来讲，当人群因恐慌、愤怒、兴奋而情绪激动时，往往容易发生危险。在一些现实的案例中，许多伤亡者都是在刚刚意识到危险就被拥挤的人群踩在脚下，因此只有提高对危险的判别能力，尽早离开危险境地，学会在险境中进行自我保护，才能避免和减少踩踏事故的发生。学校是人员密集区域，集体活动较多，如不掌握必要的安全常识，很容易引发拥挤和踩踏事故。

案例分享

考前上厕所，发生踩踏事故

2017 年 3 月 22 日上午 8 时 30 分左右，河南省濮阳县某小学发生学生踩踏事故。事故共造成 22 名学生受伤，其中 1 人在送往医院途中死亡，5 人重伤。事发当日学校组织月考，按照原计划，8 时 20 分早读课结束，8 时 30 分开始考试，因此，出现学生“集体上厕所”的情况，并出现混乱，导致踩踏事故的发生。

（一）安全建议

（1）举止文明，人多的时候不拥挤、不起哄、不制造紧张或恐慌气氛。

（2）尽量避开就餐、集会等人员密集时间，避免到拥挤的人群中凑热闹，不得已时，尽量走在人流的边缘。

（3）在通过较窄的通道或上下楼梯时要相互礼让，靠右行走，遵守秩序，注意安全。

（4）发觉密集的人群向自己行走的方向拥过来时，应立即避到一旁，不要慌乱、不要奔跑，避免摔倒。

（5）顺着人流走，切不可逆着人流前进，否则，很容易被人流推倒。

（6）在人群中走动，遇到台阶或楼梯时，尽量抓住扶手，防止摔倒。

（7）在拥挤的人群中，要时刻保持警惕，当发现有人情绪不对，或人群开始骚动时，要做好准备保护自己和他人。

（8）在人群骚动时，要注意脚下，千万不能被绊倒，避免自己成为踩踏事故的诱发因素。

（9）如果陷入拥挤的人流时，一定要先站稳，保持镇静，即使鞋子被踩掉，也不要弯腰捡鞋子或系鞋带。有可能的话，可先尽快抓住坚固可靠的东西站稳，待人群过去后再迅速离开现场。

（10）当发现前面有人突然摔倒，要马上停下脚步，同时大声呼救，告知后面的人不要向前靠近。

（11）若自己被人群拥倒后，要设法靠近墙壁，身体蜷成球状，双手在颈后紧扣，以保护身体最脆弱的部位（图 5–11）。

图 5–11　防止踩踏，保护自己

（12）入住酒店、去商场购物、观看演唱会或体育比赛时，务必留心疏散通道、灭火设施、紧急出口及楼梯方位等，以便关键时刻能尽快逃离现场。

（13）发生踩踏最明显的标志是人流速度突然发生了变化，并发生了方向改变。突然感觉“被推了一下”或者听到莫名尖叫时也要特别警觉，此时踩踏可能已经发生。

（14）在拥挤的人群中，双手应互握臂弯，双肘撑开约 90° 平放胸前，形成一定的空间保证呼吸。如有儿童，应将他们举过肩头。

知识链接

拥挤人群的能量

如果你被汹涌的人潮挤在一个不可压缩的物体上，比如一面砖墙、地面或者一群倒下的人身上，背后七八个人的推挤产生的压力就可能达到一吨以上。实际上在踩踏事故中，遇难者大多并不是真的死于踩踏，他们的死因更多的是挤压性窒息，也就是人的胸腔被挤压得没有空间扩张。在最极端的踩踏事故中，遇难者甚至可以保持站立的姿态。

（二）应对措施

（1）迅速与周围的人进行简单沟通。如果意识到有发生踩踏的危险或者已经发生了踩踏，要迅速与身边的人（前后左右五六个人即可）做简单沟通：让他们意识到有发生踩踏的危险，让他们迅速与自己协同行动，采用人体麦克法进行自救。

①一起有节奏地呼喊“后退”（或“go back”）。自己先喊“一、二”（或one，two），然后和周围人一起有节奏地反复大声呼喊“后退”（或“go back”）。

②让更外围的人加入呼喊。在核心圈形成一个稳定的呼喊节奏之后，呼喊者要示意身边更多的人一起加入呼喊，争取在最短的时间内把呼喊声传递到拥挤人群的最外围。

③最外围的人迅速撤离疏散。如果身处拥挤人群最外围的人，当听到人群中传出有节奏的呼喊声（“后退”）时，应该意识到这是一个发生踩踏事故的警示信号。此时要立即向外撤离，并尽量让周围的人也向外撤离，同时尽量劝阻其他人进入人群。

（2）绝对不要前冲寻亲。即便有亲属甚至孩子在人群中，在听到“后退”的呼喊声后，也不要冲向人群进行寻亲或施救。应该意识到后退疏散是此时最明智的救助亲人的方式。前冲寻亲只会迟滞或妨碍对亲人的有效救助，从而让亲人陷入更危险的境地。

（3）如不慎倒地，应两手十指交叉相扣，护住后脑和后颈部；两肘向前，护住双侧太阳穴；双膝尽量前屈，护住胸腔和腹腔的重要脏器；侧躺在地，千万不要仰卧或俯卧（图5－12）。发生踩踏事故时，在确保自己安全的前提下及时拨打110或999急救，若医护人员无法及时抵达现场，互救可能是唯一可以延续生命的方法，对于失去生命迹象的伤者，要不间断地实施心肺复苏术，直到急救人员到来。

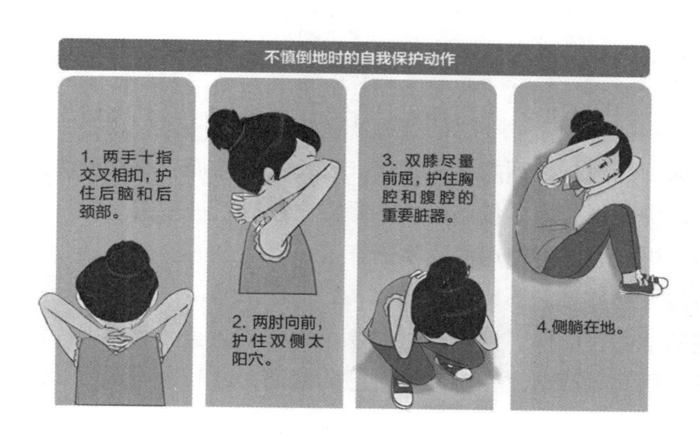

图5－12 不慎倒地时的自我保护动作

二、校园暴力

校园暴力是发生在校园内或学生上学、放学途中，由老师、同学或校外人员，蓄意滥用语言、肢体、器械、网络等，针对师生的生理、心理、名誉、权利、财产等实施的达到某种程度的侵害行为。近年来我国校园暴力事件时有发生。任何形式的校园暴力都是不可接受的，施暴者、受害者、甚至旁观者都会受到不同程度的伤害，施暴者由于得到某种满足，逐渐变得冷漠无情、自高自大，受害者则因经常受到影响而形成心理问题，影响健康，甚至影响人格发展。旁观者也会经常因为受到惊吓而感到不安和恐惧。校园暴力也会影响到学校的整体纪律和风气，所以，学校须正视校园暴力，通过教育制止和预防校园暴力事件的发生。

“我们学校不存在暴力”，这是一个常见的误区，校园暴力通常被认为仅发生在“其他”学校里，尤其是那些“野蛮”地区，而没有发生在自己的学校。正是在最容易忽视校园暴力的学校，最有可能发生校园暴力。校园暴力在一个学校发生的概率，远超出人们的认识程度。承认

校园暴力是制止校园暴力发生的第一步。

校园暴力多种多样，最常见的有语言暴力、肢体暴力、冷暴力和网络暴力等，下面通过对这四种暴力形式的详细分析，让人们更深刻地认识校园暴力发生的原因和危害。

（一）语言暴力

语言暴力就是使用谩骂、诋毁、蔑视、嘲笑等侮辱性、歧视性的语言，致使他人的精神和心理遭到侵犯和损害，属于精神伤害的范畴。而低龄语言暴力，就是限定了施暴者或受暴者是青少年。很多情况下，语言暴力源自不平等的相互关系，受害者通常缺乏自卫的力量，未成年人遭受的语言暴力就属于这一类。

案例分享

难听的外号

晓玲（化名）自从戴上牙套之后，就开始了一连串的梦魇，班上同学给她取了“牙套妹”“钢牙女”等一些难听的绰号，而且经常当着她的面这样叫她，这些绰号都会紧跟着她，晓玲感到既生气又难过。终于有一天，晓玲在课间的时候疯狂地和一个称呼她绰号的男生扭打起来，并险些将他的眼睛戳瞎。两人的家长也被叫到学校协商处理此事。

1.安全建议

（1）无论遇到何种暴力，都不能忍气吞声，要及时向老师、家长反映，甚至报警。

（2）学生时代，穿戴用品应尽量低调，不要特立独行、过于招摇。

（3）要讲文明、讲礼貌，不使用侮辱性语言。

（4）不随意给他人起绰号，不恶意攻击他人的生理缺陷。

（5）当老师或同学的言语伤害到自己时，要及时与其沟通，明确表达被伤害的事实。

（6）树立自信，用实际行动改变对方对自己的偏见。

知识链接

语言暴力的危害

语言暴力虽然从表面上不具备暴力的特征，但是它对学生人格心理发展所造成的负面影响是长期的、不可估量的。它的危害主要有两种表现形式。

（1）形成“退缩型人格”，即孩子在高压下往往回避问题，回避现实，不敢与人正常交流，容易形成内向、封闭、自卑、多疑等人格特征，甚至严重抑郁。

（2）形成“攻击型人格”，即孩子在受到“语言暴力”之后，性格变得暴躁、易怒，内心充满仇恨、逆反，为了发泄不满，而对他人和社会采取过激行为，直接影响和危害社会，害人又害己。

2.应对措施

当自己受到语言暴力的危害时，首先要表明自己的态度和立场，让对方明确自己的感受，避免积郁成怨。如果自己解决不了，应该寻求家长、熟悉的老师、心理咨询老师等的帮助，向他们阐述实际情况，在他们的协助下解决问题，一定不要任其发展，造成无法挽回的损失。

（二）肢体暴力

肢体暴力是所有暴力中最容易识别的一种形态，它有着相当具体的行为表现，通常也会在受害者身上留下明显的伤痕，包括踢打同学、抢夺他们的东西等。施暴者的暴力行为也会随着他们年纪的增长而变本加厉。另外，校园性侵害也属于肢体暴力的范畴。

1.安全建议

（1）远离不良社会群体，多交正能量的朋友。

（2）上学、放学途中，尽可能结伴而行。

（3）经常锻炼身体，使自己变得强壮。

（4）与人发生冲突时，要及时沟通化解，化干戈为玉帛，必要时请老师或家长协助解决。

（5）三十六计，走为上策。身处险境时，逃跑并不丢人，人身安全永远是第一位的。

（6）紧急时可大声喊叫，以引人注意。

（7）遭受肢体暴力后要及时报警，用法律武器捍卫自己的利益。

知识链接

正当防卫

我国《刑法》第二十条规定："为了使国家、公共利益、本人或者他人的人身、财产和其他权利免受正在进行的不法侵害，而采取的制止不法侵害的行为，对不法侵害人造成损害的，属于正当防卫，不负刑事责任。正当防卫明显超过必要限度造成重大损害的，应当负刑事责任，但是应当减轻或者免除处罚。对正在进行行凶、杀人、抢劫、强奸、绑架以及其他严重危及人身安全的暴力犯罪，采取防卫行为，造成不法侵害人伤亡的，不属于防卫过当，不负刑事责任。"

2.应对措施

当面临肢体暴力威胁时，首先要进行言语劝说，动之以情，晓之以理；其次要尽量摆脱危险处境，向人多的地方逃跑，同时要伺机报警；如果已经无法逃脱，可以大声喊叫，向他人求救；施暴过程中要保护头、内脏等重要器官，避免发生不可逆的伤害；被侵害后要及时报警，将施暴者绳之以法，避免惨剧再次发生。

（三）冷暴力

冷暴力是最常见，也是最容易被忽视的，通常是通过说服同伴排挤某人，使弱势同伴被孤立在团体之外，或借此切断他们的关系连接。其表现形式多为冷淡、轻视、放任、疏远和漠不关心，致使他人精神上和心理上受到侵犯和伤害。此类暴力伴随而来的人际疏离感，经常让受害者觉得无助、沮丧。

1.冷暴力类型

常见的校园冷暴力有以下两种形式。

冷漠型。常见于师生之间，因某些原因教师无视某个学生的存在，视学生为空气。如故意不和该学生交流，不让他回答问题，让他一直坐在后排某个角落等。

孤立型。常见于同学之间，同学之间形成某种固定的团体或共识，对某个学生进行排挤、孤立、歧视、侮辱等现象，如团队活动没人愿意和他组合，社团活动不接受他的报名，故意不和他说话等。

案例分享

孤立的后果

某中学初一学生小雨（化名）和同年级其他班另一个女同学打架后，班主任组织全体同学投票。投票之前，老师让小雨先回避，然后让全班同学就小雨严重违反班纪班规的现象做了一个测评。测评是道选择题：是留下来给她一次改正错误的机会，还是让家长将其带走进行家庭教育一周。结果 26 个同学选择让她回家接受教育一周，12 个同学选择再给她一次机会。在得知自己被大部分同学投票赶走后，小雨在学校附近的河里跳河自尽。这本来应是可以避免的悲剧，老师做法欠妥，小雨也不应当如此脆弱，可以和家长商量共同应对处理。

2.安全建议

（1）面对冷暴力，以冷制冷是个治标不治本的方法。
（2）当遇到冷暴力时，一定要积极解决，切莫逃避。
（3）多做换位思考，站在对方的角度看问题，多一些体谅和理解。
（4）严于律己，友善待人，要和周围同学处好关系。
（5）多参加集体活动，感受集体活动带来的快乐，增强归属感和认同感。

3.应对措施

如遭遇同学的冷暴力，首先要弄清楚其中的原因，再找他人沟通，解除误会；如果自己无法解决时，可以求助班主任或心理老师，向他们说明原因，在他们的帮助下，伺机和同学们进行沟通。如遭遇老师的冷暴力，要清楚自身的问题出在哪里，及时跟老师进行沟通，也可以采用信件或短信的方式沟通，若感觉无法解决，可以向其他熟悉的老师或家长求助。

（四）网络暴力

网络暴力是指通过网络发表具有攻击性、煽动性、侮辱性的言论，这些言论打破道德底线，造成当事人名誉受损。网络暴力不同于现实生活中拳脚相加、血肉相搏的暴力行为，而是借助网络的虚拟空间，用语言、文字、图像等对他人进行讨伐和攻击。例如对事件当事人进行“人肉搜索”，将其真实身份、姓名、照片、生活细节等个人隐私公布于众。时常使用攻击性极强的文字，甚至使用恶毒、残忍、不堪入目的语言，严重违背人类公共道德和传统价值观念。这些评论和做法，不但严重地影响了事件当事人的精神状态，更破坏了当事人的工作、学习和生活秩序，甚至造成更加严重的后果。

网络暴力是“舆论”场域的群体性纷争，以道德的名义对当事人进行讨伐，可以说是网络自由的异化，这无疑阻碍了和谐网络社会的构建。与现实社会的暴力行为相比，网络暴力参与的群体更广，传播速度更快，因此某些意义上说，可能比现实社会的暴力产生的危害更大。虽然网络暴力产生的时间不长，但是危害大、影响范围广，而且蔓延趋势严重，所以说网络暴力也是一种严重的犯罪。

1.网络暴力分类

网络暴力从形式上可以分为以语言文字和图画信息为表现形式的网络暴力行为，往往后者造成的危害更加严重；从性质上可以分为非理性人肉搜索和充斥谣言的网络暴力；从作用方式上可以分为直接攻击和间接攻击，对当事人来说，直接攻击会在短时间内造成严重的困扰。

案例分享

女学生微博晒殴打同学下跪照

2019年9月，一位女生在微博上贴出来几张殴打同学并让她下跪的照片。照片中可以看出有四名女孩将一名女孩围在中间，还有一名男孩在旁边用手机拍摄。因为跟帖的网友说这些照片“太暴力”，所以女生将微博上的照片全部删除，但是仍宣称“爱我的人不解释”，并表示“今天很刺激”。最终，这名女生受到了相应的教育管理和警方的调查通知。

2.安全建议

（1）不要将匿名的网络社交平台变成个人情绪的发泄地。

（2）严于律己，恪守社会公德，不在网上发表过激和失实的言论。

（3）理性看待网络攻击，不要受到不当言论的影响。

（4）注重保护个人隐私，加强个人网络信息的保密措施。

（5）在遭遇网络攻击时，可以暂时关闭或注销该网络通信账号。

（6）当个人权益受到侵害时，要拿起法律的武器保护自己或反击他人。

3.应对措施

青少年学生坚决不能成为网络暴力的参与者，不发布或传播过激、不当、不实言论，对网络中的是非之事不妄加评论，以免成为网络暴力的目标。如果正遭遇此类事件的困扰，切莫以暴制暴，更不能受此影响而心灰意冷，甚至走上绝路，一定要冷静思考、理性对待，通过暂时关闭或注销该网络通信账号、要求对方撤销或删除不当信息、要求对方公开辟谣、向家人或老师求助、报警等方式保护个人权益。

三、校园盗窃

校园盗窃案件是指以学生的财物为侵害目标，采取秘密的手段进行窃取并实施占有行为的案件。盗窃犯罪是校园中常见的一种犯罪行为，其危害是不言而喻的。本节以学生宿舍为重点，简要介绍校园盗窃案件的表现形式、基本特征以及预防措施，以提高学生特别是新生的防范意识，加强对自身财物的保管，不给犯罪分子可乘之机，从而减少盗窃案件，避免财产损失。

（一）校园盗窃案件的主要形式

校园盗窃案件的主要形式有三种，即内盗、外盗、内外勾结盗窃。

1.内盗

内盗是指学校内部人员实施的盗窃行为。根据有关资料统计，在校园发生的盗窃案件中，内盗案件占一半以上。作案分子往往利用自己熟悉盗窃目标的有关情况，寻找作案最佳时机，

因而易于得手。这类案件具有隐蔽性和伪装性。

2.外盗

外盗是相对内盗而言的，是指校外社会人员在学校实施的盗窃行为。他们利用学校管理上的疏漏，冒充学校人员或以找人为名进入校园内，盗取学校资产或师生财物。这类人员作案时往往携带作案工具，如螺丝刀、钳子、塑料插片等。

3.内外勾结盗窃

内外勾结盗窃是学校内部人员与校外社会人员相互勾结，在学校内实施的盗窃行为。这类案件的内部主体社会交往比较复杂，与外部人员都有一定的利害关系，往往结成团伙，形成盗、运、销一条龙。

（二）校园盗窃案件的特点

一般盗窃案件都有以下共同点：实施盗窃前有预谋准备的窥测过程；盗窃现场通常遗留痕迹、指纹、脚印、物证等；盗窃手段和方法常带有习惯性；有被盗窃的赃款、赃物可查。由于客观场所和作案主体的特殊性，校园盗窃案件还有以下特点。

1.时间上的选择性

作案人为了减少违法犯罪风险，在作案时间上往往进行了充分的考虑，因而其大多在作案地点无人的空隙实施盗窃。

2.目标上的准确性

校园盗窃案件特别是内盗案件中，作案主体的盗窃目标比较准确。由于学生每天都生活、学习在同一个空间，加上同学间互不存在戒备心理，东西随便放置，贵重物品放在柜子里也不上锁，使得作案分子盗窃时极易得手。

3.技术上的智能性

在校园盗窃案件中，作案主体具有特殊性，高智商的人较多，有的本身就是学生。在实施盗窃过程中对技术运用的程度较高，自制作案工具效果独特先进，其盗窃技能明显高于一般盗窃作案人员。

4.作案上的连线性

“首战告捷”以后，作案分子往往产生侥幸心理，加之报案的滞后和破案的延迟，作案分子极易屡屡作案而形成一定的连续性。

案例分享

三人盯上学校的自行车

某中职学生聂某在学校附近网吧上网时结识了周边无业青年蔡某，并很快成为好朋友。一天蔡某问聂某有没有什么搞钱的方法，聂某说自己学校自行车好搞，并答应在本系同学中低价销售自行车，蔡某当然高兴，于是二人很快达成一致。蔡某用同样的方法在不远的另一所学校又找到了郭某，三人臭味相投，立刻行动，三天工夫，聂某搞到了8辆自行车并交给蔡某，蔡某又交给聂某由郭某转移过来的5辆自行车进行销售。几天时间内两个学校被闹得人心惶惶，好在案件很快被侦破，三人也得到了应有的惩罚。

知识小课堂

《菜根谭·概论》警语

害人之心不可有，防人之心不可无，此戒疏于虑者。

（三）安全建议

（1）居安思危，提高自我防范意识。

（2）严于律己、遵守学校安全规定。

（3）提高修养、养成良好生活习惯。

（4）谨慎交友，防止引狼入室，甚至同流合污，成为盗贼的帮凶。

（5）大额现金不要随意放在身边，应就近存入银行，同时办理加密业务，最好不将自己的生日、手机号码、学号等作为银行卡的密码，防止被他人发现盗取。

（6）将手机、银行卡、身份证等分开存放，以免同时丢失。

（7）贵重物品如笔记本电脑、照相机等，不用时最好锁起来，以防被顺手牵羊者盗走。

（8）爱护公共财物，保护门窗和室内设施完好无损，随手关窗锁门。

（9）不随意留宿他人，警惕陌生人。

（10）离开宿舍时，要养成随手关门的习惯，最后离开宿舍的人要锁好门。处于低楼层的宿舍还要锁好窗户，以免被盗窃分子从窗外“钓鱼”。

（11）乘坐公共交通工具时，不要挤在车门口，要尽量往车厢里走。

（12）不要在公共交通工具上聚精会神地做某件事，更不能熟睡。

（13）公交换乘站、火车站、景点售票处附近等人多拥挤的地方是盗窃犯罪的多发地，在此类地区应提高警惕。

（14）注意保护好钱物，背包、手提包等最好放在自己视线范围内。不要在裤子兜里放钱物，不要将钱包放在较浅的口袋里。不要将现金和各种证件、身份证放在一个钱包或一个口袋里。

（15）遇到陌生人问路或推销产品时，要注意拿好自己的随身物品，切忌放在身后或侧面，切勿让陌生人看管自己的财物。

（四）应对措施

当自己的财物被盗时，不要惊慌失措、大张旗鼓，要沉着冷静，仔细回忆相关线索，同时注意保护现场，寻找有力证据，及时向学校保卫处报案或拨打110报警。如果周围有监控，可以求助保卫处调取录像资料查看。如果发现自己的手机、证件、银行卡等被盗，应立即挂失，避免发生更大的损失。

四、校园诈骗

近年来，校园诈骗案件时有发生，各类骗术层出不穷，严重扰乱了受害者的学习和生活。由于诈骗分子使用的手段不断翻新，使得单纯的学生防不胜防。

（一）校园诈骗的主要手段

校园诈骗的手段都是利用了学生的弱点来骗取钱财，主要有以下几种情况。

1.利用虚假身份行骗

诈骗分子往往利用虚假身份与学生交往，骗取学生的信任，诈骗得手后随即失去联系。

2.投其所好，引诱学生上钩

一些诈骗分子往往利用学生急于就业、创业、出国等心理，投其所好、应其所急，施展诡计骗取财物。

3.利用假合同或无效合同进行诈骗

一些骗子利用学生经验少、法律意识差、急于赚钱补贴生活的心理，常以公司名义让学生为其推销产品，事后却不兑现酬金而使学生上当受骗。

4.以借钱、投资等为名实施诈骗

有的骗子利用学生的同情心骗取钱财，有的骗子利用学生急于求成的心理，以高利投资为诱饵，使学生上当受骗。

5.以次充好，恶意行骗

一些骗子利用学生“不识货”又追求物美价廉的特点，上门推销各种产品而使学生上当受骗。

6.骗取中介费

诈骗分子往往利用学生勤工俭学或找工作的机会，用推荐工作单位等形式，骗取学生介绍费、押金、报名费等。

7.骗取学生信任后伺机作案

诈骗分子常利用一切机会与学生拉关系、套近乎，骗取信任后寻找机会作案。

以上种种手段都是利用了学生的弱点，骗取钱财。

（二）安全建议

（1）帮助陌生人要讲究方法，绝不能因为好面子而将自己的财物交其处理，或跟随陌生人去往陌生的地点。

（2）不要将个人有效证件借给他人，以防被冒用。

（3）不要将个人信息资料如银行卡密码、手机号码、身份证号码、家庭住址等轻易告诉他人，以防被人利用。

（4）切不可轻信张贴广告或网上勤工助学、求职应聘等信息。

（5）不要相信天上掉馅饼的事情，馅饼下面通常覆盖着一个陷阱。

（6）与人相处目的要纯正，以高利投资、贪图享乐为目的往往会被人设局诈骗。

（7）养成“做决定前想三分钟的习惯”，或者和自己的挚友、老师商量，减少未知风险。

（8）不要相信网络中所谓“非常渠道”的货源，便宜的背后往往就是骗人的把戏。

（9）到正规的网店、购物平台进行购物，不浏览如“翻墙网站”“色情网站”“博彩网站”等非法网站。

(10)不要相信所谓的内幕消息，对方想的可能只是赚取人们的入会费。

(11)要通过正规的招聘网站或招聘会寻找工作机会，并事先调查了解招聘企业基本信息。

(12)遭遇要求缴纳各种费用的招聘企业时要及时警醒，这些多数都是骗子公司。

(13)不要借助所谓的路子、关系、潜规则找到想要的工作。

知识链接

警方防诈骗口诀

看病消灾为迷信，不要相信陌生人；
丢包分钱是陷阱，天上不会掉馅饼；
兜售抵押全都假，别听骗子说瞎话；
家庭情况要保密，不明来电多警惕；
贪图便宜要不得，千万不能换外币；
短信诈骗花样多，不予理睬准没错；
网络购物要小心，反复要钱是圈套；
飞来大奖莫惊喜，让您掏钱洞无底；
专利转让别轻信，全面验证多核实；
汽车退税有猫腻，骗取存款是目的；
买药看病到医院，保您平安不被骗；
遇人向您借手机，始终留意别远离。

(三)应对措施

当自己的钱财被诈骗分子骗取后，应立即报警，保存好与骗子间聊天的记录、交换的物件等，并向警方提供有利线索，同时不要打草惊蛇，以免骗子逃之夭夭。如果被骗钱财数额较小，可先寻求学校保卫处、老师或家长的帮助，切莫借用“破财免灾”“无关痛痒”的想法隐瞒了事，从而放纵诈骗分子。

五、校园借贷

近年来，在校学生由于还不起校园贷而自杀的新闻层出不穷，如今校园贷极易成为“高利贷”。很多学生有借贷需求，却不具备认清借贷、规避风险的能力。同时，一些不规范的借贷平台抓住了学生的这一弱点，降低贷款门槛、隐瞒资金标准、诱导过度消费，使他们陷入借贷陷阱，拆东墙补西墙，难以自拔。

案例分享

借款4万，却欠下了100万元

因为借款4万元，最终却背上了超过100万元的负债。“这事如果不是发生在我儿子身上，我都不信。”上海的侯先生说，儿子小侯遭遇高利贷，在民间金融人士层层套路下，不断拆东墙补西墙，半年时间竟欠下100多万元的债。

事情发生在2017年6月，在上海读大二的小侯收到一条“校园贷”的短信，称可以为学生族提供分期贷款。因恰好手头紧，小侯动了借款的心思。“在上学的时候有兼职，就想着先借了然后慢慢还掉。”小侯说，他没想到的是，正是这条短信让他走上了一条不归路。

案例分享

瞒着家长借“校园贷”，日息高达10%

在广东务工的武先生因为儿子借“校园贷”欠下一身债务。“看完山东的高利贷催收报道，我在想会不会有一天我也会被逼到这个份儿上。”武先生表示，2018～2019年，儿子瞒着他在6家校园贷平台、3家私人借贷公司以及1家银行借款，至今利滚利欠下了10多万元的借款。最终他们报警处理。

十个“凡是”，揭秘骗局，预防“校园贷”骗局。

（1）凡是声称可以帮助“办理小额分期、手机分期”等一些用款业务的。

（2）凡是声称网上办理贷款“手续简单，当天可以办理”的。

（3）凡是要求借款人以手持身份证裸体照片替代借条实施借款的。

（4）凡是声称可以“先拿钱后兼职还款”作为条件的。

（5）凡是声称以介绍同学、朋友参加“校园贷”贷款，便可轻松赚得每单几百元、上千元不等的“好处费”的。

（6）凡是声称“不需要任何抵押，动动手指就能借到钱”的。

（7）凡是不考察借款人的还款能力，不进行适当测评，就轻松放贷，发放小额现金的。

（8）凡是通过在校内寻找个别学生或辅导员老师，进行“校园贷”代理，发展“眼线”等方式实施手机APP借贷的。

（9）凡是声称可以找到“内部人士，发放助学金”的。

（10）凡是声称“只需提供学生证和身份证即可办理”的。

第五节　家庭安全

案例导入

触电只因手上有水

缪同学家住盐城，一家人来常熟做水产生意。7月的某天早晨，缪同学起床后跑到卫生间，在给电加热器接上电源时，因为手上有水，碰上接线板后导致触电，摔倒在水池里。缪同学母亲听到声响跑到卫生间，切断了电源，拨打电话叫来救护车，可为时已晚，缪同学离开了人世。缪母悲痛万分，后悔不及。

请思考：

1.如何预防触电？

2.在家庭中，还可能存在哪些危险？

家庭是生活中最重要和最基本的活动场所，对于学生来说，除了在学校学习之外，在家里的活动时间相对较多，家庭安全显得尤为重要。通常情况下，人们认为日常生活中最安全的场所就是在自己家里，据调查显示，在城市家庭中，生活压力较大，活动空间相对窄小，更容易发生意外伤害事故。发生在家庭里的伤害事故主要包括家庭暴力、用水用电、燃气泄漏、家庭火灾等。当前，大多数家庭缺乏基本的家庭安全知识，其根本原因是由于他们整体安全意识薄弱，获取安全信息的渠道单一，自防自救能力相对较差，发生安全事故后不能及时有效地采取应急措施。因此，所有家庭成员应提高防范意识，及时排除安全隐患，通过各种渠道掌握必要的安全知识和急救办法，以减少和避免家庭伤害事故的发生。

一、家庭暴力

《中华人民共和国反家庭暴力法》于 2016 年 3 月 1 日起正式实施，这是中国出台的首部反家暴法。正式实施的新法明确了家暴范围，即家庭成员或家庭成员以外共同生活的人之间以殴打、捆绑、残害、限制人身自由以及经常性谩骂、恐吓等方式实施的身体、精神等侵害行为。近年来，我国的家庭暴力问题日渐突出，中国法学会《反对针对妇女的家庭暴力对策研究与干预》项目调查中，有 2/3 以上的家庭发生过对子女的家庭暴力行为。而在此过程中子女通常处于弱势地位，承受着家庭暴力带来的阴影和摧残。中学生处于青春期敏感阶段，价值观和人生观初步形成，应该了解和掌握一些应对家庭暴力的知识和方法。

（一）安全建议

（1）要警惕、识别、躲避可能发生的任何暴力侵害。

（2）大声呼救，要懂得保护自己，积极寻求家人和邻居的帮助。

（3）受暴者可向朋友和亲友说出自己的经历，以寻求帮助。

（4）在学校可以求助于心理咨询老师。

（5）严重的情况下，要拨打“110”报警。

（6）树立证据意识。受到严重伤害和虐待时，要注意收集证据，积极寻求帮助。

（二）应对措施

（1）《中华人民共和国反家庭暴力法》第十三条明确规定，家庭暴力受害人及其法定代理人、近亲属可以向加害人或者受害人所在单位、居民委员会、村民委员会、妇女联合会等单位投诉、反映或者求助。有关单位接到家庭暴力投诉、反映或者求助后，应当给予帮助、处理。

（2）《中华人民共和国反家庭暴力法》还规定，家庭暴力受害人及其法定代理人、近亲属也可以向公安机关报案或者依法向人民法院起诉。单位、个人发现正在发生的家庭暴力行为，有权及时劝阻。而且警方出警的记录和笔录还可以成为日后的有力证据。

（3）要保留医院就诊病历。另外，要争取证人证言，目睹事实的家庭成员、朋友、邻居等都可以作为证人。

二、用电安全

电的发现和利用给人类的生产和生活带来了极大的方便，以电为能源的各种设备已全面走进人们的日常生活，如果使用不当，容易造成触电事故。触电对人的伤害主要是电灼伤和电击伤。其中，电灼伤主要是局部的热、光效应，轻者只见皮肤灼伤，重者可伤及肌肉、骨骼，电流入口处的组织会出现黑色碳化。电击伤则是指由于强大的电流直接接触人体并通过人体的组织伤及器官，使它们的功能发生障碍而造成的人身伤亡。据统计资料表明，我国每年因触电而死亡的人数约占全国各类事故总死亡人数的 1%。因此，在日常生活中必须熟悉电的特性和电器的使用方法，学习基本的用电知识，定期检查电器、电路的使用情况，及时维修损坏的电器和线路，远离高压电设备，防范触电危险。

案例分享

洗澡时电击身亡

据报道，2022 年 5 月 4 日，上海的郭某在出租屋内洗澡时触电身亡。据介绍，造成事故的原因有两个：第一，没有按说明书定期维护热水器的漏电保护器，导致郭某在洗澡时漏电保护器失去了保护的作用。第二，出租屋内的电源插座质量不合格。

（一）安全建议

（1）使用电器设备前要仔细阅读说明书，掌握正确的操作方法，严格遵守使用规定，注意使用安全。

（2）操作电器时手要保持干燥，擦拭电器时应先切断电源。

（3）如家电发生冒火花、冒烟、有焦味、起火时，应立即切断电源。

（4）遇到停电或外出时要确认所有电源均已关闭。

（5）使用正规厂家生产的多向插座，并注意多向插座的使用负载。

（6）不要在宿舍超负荷用电或私接电线，不要将未关闭的笔记本电脑放在被窝里。

（7）不要在宿舍使用“热得快”、伪劣插座、劣质充电器等产品。

（8）远离高压线、变压器和有“小心触电”标志的地方。

（9）不要使用导电的物体去钩取悬挂在高压线上的东西，不要在高压线附近放风筝或垂钓。

（10）不要攀爬电线杆、电网铁塔等电力设施。

（11）不要在电线上晾晒衣服、挂东西，以防发生事故。

（12）雷雨天不要靠近高压电杆、铁塔、避雷针的接地线和接地体周围，以防触电。

（13）发现电线断落地上，不可直接用手碰触，应设法警示，不让人、车靠近；特别是高压导线断落地上时，应保持 10 米以外距离，由供电部门或专业人员处理。

（二）应对措施

（1）发现有人触电时，应立即切断电源。同时用竹竿、木棍、塑料制品、橡胶制品、皮制品等绝缘物挑开触电者身上的带电物品，并立即拨打 120 或 999 求助。

（2）对于高压电源，一般绝缘物品不能保证施救者的安全，因此不要尝试自行救援，应立即电话通知有关部门拉闸停电，并拨打 120 或 999 求助。

（3）如果触电者神志清醒，只是有些心慌、四肢发麻、全身无力，但未失去知觉，可让触电者静卧休息，并严密观察，同时拨打急救电话。

（4）如果触电者已丧失意识，应就地抢救。解开紧身衣服，以确保伤者呼吸道通畅，及时清理其口腔中的黏液。

（5）如果触电者呼吸停止，应采用口对口人工呼吸法进行抢救。如果触电者心脏停止跳动，应立即进行人工呼吸和胸外心脏按压法进行抢救。

（6）如果触电者身上有被电烧伤的伤口，应包扎后及时送到医院就诊。电烧伤会损伤皮下深层组织，不要仅凭表面情况判断烧伤的严重程度。

（7）在抢救过程中，不要随意挪动伤员。在医务人员到来前绝不能放弃抢救。

三、燃气安全

燃气是气体燃料的总称，它能通过燃烧放出热量，供居民和工业企业使用。燃气的种类很多，主要有天然气、人工燃气、液化石油气和沼气、煤制气。在家庭中，以使用天然气为主。燃气的使用越来越普及，人们在享受清洁能源的同时，要学会安全使用燃气。在燃气的使用中，主要由燃气泄漏引起的安全问题比较多。燃气泄漏是由意外导致燃气从管道、钢瓶中泄漏在空气中。据燃气安全事故统计分析报告，液化气泄漏事故危害严重，轻则引起人体不适，重则引起爆炸，建筑倒塌，造成大量人员伤亡。因此，在日常生活中，一定要做好燃气的安全使用工作，经常检查燃气通路，预防因燃气泄漏而造成的意外伤害事故。

案例分享

关阀门导致燃气爆炸

2021 年 8 月 25 日，辽宁某户居民一家三口刚吃完早饭，不一会儿就嗅到了煤气的味道，于是一家人紧张地跑进厨房，想要关闭煤气罐的总阀门。可就在关闭阀门的一瞬间，发生了爆炸。在巨大的冲击力和灼热的火舌侵袭下，三人被炸飞，并伴随明显的烧伤。据主治医师介绍，三人烧伤面积分别是 10%、15%、25%，烧伤程度属二度偏浅。烧伤位置主要在皮肤的表皮层，部分达到真皮层。

（一）安全建议

（1）使用燃气器具前，必须熟读产品说明书，并熟练掌握操作程序。

（2）不要玩弄燃气管道上的阀门或燃气设施开关，以免损坏灶具或忘记关闭阀门。

（3）经常用肥皂水、洗涤灵或洗洁精等检查室内天然气设备接头、开关、软管等部位，看

有无漏气，切忌用明火检漏。

（4）房屋装修时请勿将燃气管道、阀门等埋藏在墙体内，或密封在橱柜内，以免燃气泄漏无法及时散发。

（5）晚上睡觉前、长时间外出或长时间不使用燃气时，请检查灶具阀门是否关闭，并关好燃气总阀门。

（6）不要在燃气管道上拴宠物、拉绳、搭电线或悬挂物品，这些做法容易造成燃气管道的接口处在力的作用下发生松动，致使燃气泄漏。

（7）灶具等燃气设施出现故障后，不要自行拆卸，应及时联系燃气公司，由燃气公司派专门人员进行修理。

（8）不要自行变更燃气管道走向或私接燃气设施，如需变动请及时与当地燃气公司联系，由燃气公司专业人员进行接改。

（9）不要在安装燃气管道及燃气设施的室内存放易燃及易爆物品。

（10）可以在家里配备小型灭火器或少量干粉灭火剂，以防燃气事故的发生。

（二）应对措施

如果在家中闻到有刺鼻的味道或者觉得头晕头痛，怀疑是燃气泄漏时，首先要关掉天然气的总阀门，然后迅速打开门窗通风，切勿开灯、拨打电话、按门铃，穿脱毛衣等，静电和火花都可能引燃燃气，再迅速离开房间，到室外拨打救援电话，如有人员中毒，要及时拨打急救电话，如没有呼吸心跳，要立刻进行心肺复苏。

四、家庭火灾

火给人类带来光明和温暖的同时，也会引发一些危及人们生命财产安全的伤害事故。如果防范得当，不仅可以避免不必要的损失，还可以减少人员伤亡。据调查，在北京市发生的全部火灾中，居民住宅火灾占了41%，其中八成源于生活用火不慎和电气火灾。俗话说“水火无情”，火灾每年都给人们带来许多痛苦和损失，只要人们平时遵守各类安全用火规定，积极参加消防模拟训练，掌握常规消防器具的使用方法，购买和使用合格的电器设备，到了陌生场所多留意安全通道的位置，发现火情时保持沉着冷静，准确判断，找对逃生路径，切莫贪恋财物，就能最大限度地减少损失和降低伤害事故的发生。

案例分享

床上吸烟引起火灾

2021年2月19日下午2时左右，福州某小区发生一起失火事件，现场浓烟滚滚，所幸赶来的消防员将火扑灭。

据了解，本次失火是因为家中一名70多岁的老人在床上吸烟所致，烟头引燃被褥后迅速燃烧了起来，导致整个房子燃起了大火，老人和其女儿被困房内。经解救，除老人有少许灼伤外，两人均无大碍。虽然这次火灾没有带来严重后果，但是让事主承受了巨大的经济损失。

（一）安全建议

（1）不躺在床上吸烟，不乱扔烟头，不乱接电源，不在宿舍内使用酒精炉、蜡烛等明火，不在室内燃烧杂物。

（2）不要将使用中的台灯靠近枕头、被褥和蚊帐。

（3）随手关闭宿舍、教室、实验室等场所不使用的电器。

（4）积极参加学校组织的消防知识讲座和消防演习，平时多留意社区内的消防宣传画，了解消防知识。

（5）熟知宿舍楼内消防设备的位置及使用方法，熟知安全通道的位置。

（6）熟悉自己所居住楼房内的安全通道，计划好火灾时的逃生路线。

（7）在超市、商场、剧院、球场、宾馆等人员密集场所时，应留心观察安全门或紧急出口的位置以及火灾逃生通道图。

（8）不围观火场，避免妨碍救援工作，或因爆炸等原因受到意外伤害。

（9）不在林区吸烟、烧烤、点燃篝火、上坟烧纸、燃放鞭炮等。

（10）不要携带易燃易爆物品进入公共场所、乘坐公共交通工具。

（11）夜间发生火灾时，应先叫醒熟睡的人，不要只顾自己逃生，并且尽量大声喊叫，以提醒其他人逃生。

（二）应对措施

（1）室内发生火灾时，先要迅速切断火源，再扑灭明火，如果火势发展到不能扑灭的程度，应迅速关闭房门，使火焰、浓烟控制在一定的空间内。向与火源相反方向逃生。切勿使用升降设备（电梯）逃生，不要返入屋内取回贵重物品。大火封门无法逃生时，可用浸湿的被褥、衣物等堵塞门缝、泼水降温。被困在高层房间内时，应尽量在阳台、窗口等易被发现的地方等待，并采取高声呼救、敲打桶或盆，挥舞颜色鲜艳的物品等办法引起救援人员的注意。自己身上着火时，不可乱跑或用手拍打，应赶紧脱掉燃烧的衣服或就地打滚，压灭火苗。

（2）要冲进火场救人时，应先用湿棉被铺盖身体，用湿毛巾掩住口鼻，再进入火场。救人期间要注意量力而行，同时防止被倒塌的建筑或家具砸伤。切忌用灭火器直接朝向着火的人身上喷射，大部分消防剂会引起伤者伤口感染。

（3）发生火灾时，应立即拨打119求助，并向消防部门准确地提供火灾的详细地址、火势大小、燃烧物种类、有无人员伤亡、现场有无危险品等信息，这将直接影响到消防队的出警规模、救援车种类和采取的救援措施。拨打求救电话后，应本人或让其他人到相应的路口引导消防车或救护车。

知识小课堂

救火英雄毛景荣

毛景荣，男，汉族，浙江省遂昌县人，1993年2月出生，2011年12月入队，2015年9月入党，大专文化，历任浙江省杭州市消防救援支队白杨中队、钱江世纪城中队战士，生前系杭州市消防救援支队特勤大队一站班长，二级消防士消防救援衔，曾先后荣立个人三等功1次，个人嘉奖6次，5次被评为优秀士兵。

参加消防救援工作 11 年来，他始终恪守“对党忠诚、纪律严明、赴汤蹈火、竭诚为民”的训词精神，先后参加各类灭火救援 2 300 余次，社会救助和为民服务 200 余次，救助群众 300 余人，在一次次救援战斗中践行“火焰蓝”的初心和使命。

2022 年 6 月 9 日 10 时，杭州市临平区东湖街道望梅路 588 号杭州湾建材装饰城 18 幢 2 楼杭州互动冰雪文化旅游发展有限公司发生火灾，多名群众被困。10 时 48 分，特勤大队一站 4 车 25 人到场，指挥员带着头车班长毛景荣前往指挥部，领受了搜救被困人员的任务。

当时，火灾现场复杂未知，可见之处浓烟滚滚，剧烈燃烧的聚氨酯保温材料产生了大量的氰化物、一氧化碳等易燃易爆、有毒有害气体，对被困人员造成极大的威胁。毛景荣见状，主动请缨，带领攻坚组前往火场。同行战友回忆说：“景荣出发前还叮嘱我们，烟很浓，注意安全！”

在第一轮搜救过程中，面对浓烟和高温，毛景荣毫无畏惧，因为他知道在眼前弥漫的浓烟之下就是被困的百姓，容不得分秒犹豫。其中一位攻坚组队员回忆到：“虽然是大白天，但是里面真的是伸手不见五指，当时内心确实是害怕。”就是在这样危机四伏的环境下，毛景荣所带领的攻坚组毅然向着二层冰场中庭区域进攻，成功搜救出 1 名失联人员。在同指挥部汇报交接后，他再一次返回现场开展搜救。11 时 35 分，支队组织第二轮搜救任务，由于有了第一次的攻坚经验，毛景荣同志在休憩片刻后再次主动请缨，多次进入冰雕、滑梯等关键区域搜寻被困人员。

12 时许，毛景荣所在的攻坚组完成搜救任务后，同钱江站攻坚组在二层冰场北侧中庭水枪堵截阵地集结，当准备一同撤离轮换时，毛景荣突然停下了脚步，同队友说：“你们先撤，等等来换我，我看这两个兄弟是专职队的，这么大的烟我不太放心。”于是，完成了两轮搜救任务，早已疲惫不堪的毛景荣再一次选择坚守在最危险的地方。“目前火势已被压制，这里的搜救通道我比你们更清楚，刚才我已经在这里搜救过了，里面现在可能还有失联人员，得快点进去，再确认一下。”毛景荣跟水枪手周祖俊说道。但在第三次搜救过程中，现场突然发生意外，毛景荣受伤失联，后被救出送医，抢救无效壮烈牺牲。

此时的他，刚登记结婚才满 3 个月，却将最美好的年华永远献给了杭州这片热土。

（4）灭火时，应根据不同的火灾类型选择不同的灭火剂。

①扑救可燃固体物质火灾时，应选用水、泡沫、磷酸铵盐干粉灭火剂。

②扑救液体火灾和熔化的固体物质火灾时，应选用干粉、泡沫灭火剂。扑救极性溶剂B类火灾时不得选用化学泡沫灭火剂和抗溶性泡沫灭火剂。

③扑救可燃气体火灾时，应选用干粉或二氧化碳灭火剂。

④扑救可燃金属火灾时，应选用 7150 灭火剂或砂、土等。

（5）灭火器使用方法及注意事项。

①二氧化碳灭火器。先拔出保险栓，再压下压把（或旋动阀门），将喷口对准火焰根部灭火。使用二氧化碳灭火器时要避免皮肤接触喷筒和喷射胶管，以防冻伤。

②干粉灭火器。使用方法与二氧化碳灭火器相同。使用前应先把灭火器上下颠倒几次，松动筒内的干粉，然后将灭火喷嘴对准燃烧最猛烈处，尽量使灭火剂均匀地喷洒在燃烧物表面。干粉灭火器降温效果一般，灭火后要注意防止复燃。

③泡沫灭火器。使用前一手捂住喷嘴，一手执筒底边缘，将灭火器颠倒过来，上下晃动几下，然后保持倒置状态向燃烧区域放开喷嘴。灭火后应将灭火器卧放在地上，并将喷嘴向下。泡沫灭火器不能用来扑灭带电设备火灾或气体火灾。

五、溺水

游泳，是广大青少年喜爱的体育锻炼项目之一。很多学生在暑假期间喜欢去游泳，而暑假就是学生溺水事件发生的高峰期。很多学生都不注意做好准备、缺少安全防范意识，遇到意外时慌张、不能沉着自救，极易发生溺水伤亡事故。人在水中失去平衡后，大量水由口、鼻通过气管进入肺中阻碍呼吸，或因喉头强烈痉挛，引起呼吸道关闭，导致窒息死亡。溺水死亡时间短，抢救必须争分夺秒，溺水者被救上岸后应迅速采用科学合理的救助方式开展救援。

（一）游泳注意事项

（1）饭后、酒后不宜游泳，有开放性伤口、皮肤病、眼疾不宜游泳，感冒、生病、身体不适或虚弱者不宜游泳。

（2）下水前先做暖身运动，游泳时禁止与同伴过分地开玩笑。

（3）不要随兴下水，特别是在野外。水浅、人多及不明水域处不可跳水。

（4）要在有救生员及检验合格的场所游泳。在水中切忌慌、乱，如遇抽筋，请保持冷静，改用仰漂。

（二）游泳安全要点

（1）下水时切勿太饿、太饱，要饭后一小时才能下水，以免肢体抽筋。

（2）下水前试试水温，若水太冷，就不要下水。

（3）若在江、河、湖、海游泳，则必须有伴相陪，不可单独游泳。

（4）下水前观察游泳处的环境，若有危险警告，则不能在此游泳。

（5）不要在地理环境不清楚的峡谷游泳。由于水中可能有伤人的障碍物，所以很不安全。

（6）在海中游泳，要沿着海岸线平行方向而游，不要涉水至深处，要在海岸做一标记，及时调整方向，确保安全。

（三）溺水的原因

1.不熟悉水性意外落水的情况

溺水多见于儿童、青少年和老人，以误落水中为多，偶有投水自杀者，意外事故如遇洪水、船只翻沉等也是重要原因。

2.熟悉水性而遇到意外的情况

（1）手足抽筋是最常见的。原因是游水者下水前准备活动不充分、水温偏冷或长时间游泳过于疲劳等。

（2）潜入到浅水造成头部损伤而发生溺水。

（3）有时候因为心脏病发作或中风（特别是一些老年人）引起意识丧失，而发生溺水。

（4）在游泳过程中因为不小心气管吸入少量水而引发咳嗽，特别是在头沉入水下的过程中呛咳，会引起大量水吸入肺部，造成溺水。

（四）预防溺水“四不要”

（1）不在无家长或老师的带领下私自下水游泳。

（2）不擅自与同学结伴游泳。

（3）不到无安全设施、无救护人员的水域玩耍、游泳。

（4）不到不熟悉的水域玩耍。

（五）溺水后的急救方法

1.溺水时的自救方法

（1）保持镇静，手脚不要乱蹬，节省体力。不要将手臂上举乱扑动，人体在水中就不会失去平衡，这样身体就不会下沉得很快。

（2）除呼救外，落水后应立即屏住呼吸，踢掉鞋子，然后放松肢体，尽可能地保持仰位，使头部后仰，让鼻部露出水面呼吸，以防呛水，要做到呼浅吸深。

（3）当救助者出现时，落水者只要理智还存在，绝不可惊慌失措地去抓、抱救助者的手、腿、腰等部位，一定要听从救助者的指挥，让他带着游上岸。

2.抽筋时的处理方法

抽筋，就是肌肉强制性的收缩，在游泳时发生抽筋是很普遍的。会游泳者游泳时抽筋的处理办法有如下几点。

（1）手指抽筋。先将手握成拳头，然后用力张开，张开后，再迅速握拳，如此反复数次，至解脱为止。

（2）手掌抽筋。用另一手掌将抽筋手掌用力压向背侧并做震颤动作。

（3）手臂抽筋。将手握成拳头并尽量曲肘，然后再用力伸开，如此反复数次。

（4）小腿或脚趾抽筋。用抽筋小腿对侧的手，握住抽筋腿的脚趾，用力向上拉，同时用同侧的手掌压在抽筋小腿的膝盖上，帮助小腿伸直。

（5）大腿抽筋。先将抽筋的大腿与身体形成直角并弯曲膝关节，然后用两手抱住小腿，再用力使它贴在大腿上并做震颤动作，随即向前伸直。

3.意外情况的自救方法

游泳最容易遇到的意外有抽筋、陷入漩涡、被水草缠住等。应当采取下列自救方法。

（1）游泳遇到意外时，要沉着镇静、不要惊慌，应当一边呼唤他人相助，一边设法自救。

（2）游泳遇到水草时，万一被水草缠住，不要乱蹦乱蹬，应仰浮在水面上，一手划水，一手解开水草，然后仰泳从原路游回。

（3）游泳陷入漩涡时，可以吸气后潜入水下，并用力向外游，待游出漩涡中心再浮出水面。

（4）游泳出现体力不支、过度疲劳的情况时，应停止游动，然后仰浮在水面上恢复体力，待体力恢复后再及时返回岸上。

4.遇到溺水者如何施救

若发现有人溺水，应立刻拨打120急救中心电话，并与当地救难人员一起协助求援。

（1）水中救人四条法则。

①不要从正面去救援，否则会被溺水者抱住，让救援者也无法游动，从而导致双方下沉。

②要从溺水者后方进行救援。一只手可以从其腋下插入握住其对侧的手，也可以托住其头部，用仰游方式将其拖至岸边。拖带溺水者的关键是让他的头部露出水面。

③如果溺水者很兴奋，无法绕到其身后，可把其打晕再救。

④不要盲目下水救人。尤其是水性不好的人，可在岸上将绳子、长竿、木板等投向溺水者，使其抓住，然后拖向岸边。与此同时，可以大声呼救。

（2）两种水中救人摆脱法。

①握紧拳头狠狠重击溺水者后脑，使他昏迷，再拖上岸。

②深吸一口气憋住，把对方压下水底，溺水者这时为了吸气，必定踩于施救者肩头上，施救者可趁此机会顶住溺水者3～5秒，让其头部露出水面，顺畅换气及观察四周，配合岸上的同伴把木块、木头、竹竿等漂浮物投入水中，只要溺水者抓住任何一物都能获救。

注意：若是未受过专业救人的训练或未领有救生证的人，请不要轻易下水救人。

5.打捞上岸的溺水者抢救步骤

在救起溺水者前首先拨打120急救中心电话，然后请医生救援。

（1）溺水者仍然有心跳、呼吸、意识时，将溺水者抬出水面后，应先清除其口、鼻腔内的水、泥及污物，用纱布（手帕）裹着手指将溺水者舌头拉出口外，解开衣扣、领口，以保持呼吸道通畅。然后抱起溺水者的腰腹部，使其背朝上、头下垂进行倒水，或者抱起溺水者双腿，将其腹部放在急救者肩上，快步奔跑使积水倒出，或急救者取半跪位，将溺水者的腹部放在急救者腿上，使其头部下垂，并用手平压背部进行倒水。最后用毛毯等将其裹起来保温，并迅速将溺水者送医院。

（2）若溺水者已无意识，应迅速将溺水者仰卧，把头偏向一侧，清除其口、鼻内淤泥、杂草、呕吐物等。若溺水者呼吸微弱或无呼吸，应迅速对其进行人工呼吸。

（3）如果溺水者呼吸、心跳停止，则立即对溺水者进行人工呼吸和胸外心脏按压，如口对口呼吸、气管插管、吸氧等。经过上述抢救后，必须立即送医院继续进行复苏后的治疗。

（4）判断溺水者的溺水程度。根据落水时间长短，溺水可分为3种程度。

①轻度溺水。落水瞬间淹溺，仅吸入或吞入少量的水，引起剧烈呛咳，此时患者神志清醒，血压升高，心跳加快。

②中度溺水。溺水后1～2分钟，由于呼吸道吸入水分而缺氧、窒息，此时患者神志模糊，呼吸浅表、不规则，血压下降、心跳减慢、反射减弱。

③重度溺水。溺水3～4分钟，因严重缺氧和窒息，患者面部出现发绀、肿胀，眼、口、鼻充满血性泡沫和污泥，肢体冰冷，昏迷、抽搐，呼吸不规则，严重者心跳、呼吸停止，瞳孔散大，一般从溺水至死亡约5～6分钟。

第六节　药品与食品安全

案例导入

学生用药不可跟风

2012年3月，某医院对所辖社区内学生家长进行的一次健康教育调查显示，在80名家长中，约八成存在定时给学生喂服“保健药”的现象。于是，猴枣散、小儿七星茶颗粒、小儿葫芦散等常用药成了很多家庭的常备药。为此，该医院药学部临床药师表示：“这些药是治疗学生某些常见疾病的良药，但如果随意服用，则会有很大的风险。家长们千万不能盲目跟风。”

请思考：

1.自己家里是否存在跟风用药的情况？

2.应该如何保证用药安全？

我国十分重视药品和食品安全问题，先后颁布了《中华人民共和国药品管理法》和《中华人民共和国食品安全法》，并明确了保障人民饮食用药安全的宗旨。药品和食品卫生安全是公共安全中最重要的内容。消费者，特别是涉足社会很少的学生需要主动地学习药品和食品安全基本常识，认真辨别假冒伪劣食品药品，从而形成科学、安全、合理的饮食、用药习惯，切实提高药品与食品的安全意识和防范能力。

一、药品安全

学生应当提高合理用药意识，学习正确的药品安全知识，形成良好的用药习惯。

（一）安全用药

安全用药就是根据患者个人的基因、病情、体质、家族遗传病史和药物的成分等做全面情况的检测，准确地选择药物，做到对症下药，同时以适当的方法、适当的剂量、适当的时间准确用药。同时注意药物的禁忌、不良反应、相互作用等，这样就可以做到安全、合理、有效、经济地用药了。

（二）处方药和非处方药

处方药（R_x）是必须凭执业医师或执业助理医师处方才可调配、购买和使用的药品。

非处方药（OTC）是不需要凭医师处方即可自行判断、购买和使用的药品，国外又称之为“可在柜台上买到的药物”。

（三）怎样识别伪、劣药品

1.看标签

购买整瓶、整盒的药品，要看标签印刷得是否正规、项目是否齐全。国家规定药品的标签必须印有注册商标、批准文号、药品名称、产品批号、生产企业。其中商标和批准文号尤为重要，如果没有或印刷得不规范，即可视为假药。

2.看药品

无论针、片、丸、粉和水、酊剂以及药材，凡见有发霉、潮解、结块或有异臭、异味，片剂色泽不一致者，即可视为劣药。标签上都印有有效期，凡超过有效期的药品，也可视为劣药。

3.看宣传

游医、地摊药贩以及“卖艺人”，这些人为了赚钱大都信口开河，或说“奉送”，或说“无效退款”等，实则他们在欺骗人，卖的是假药。街头墙上张贴的广告，吹嘘所谓“祖传秘方”“包治”某某的药，基本上都是假药。求神弄鬼“讨来”的药，不需鉴别，都是假药。

（四）购药注意事项

（1）要到合法的药店买药。合法的药店是经过药品监督管理部门批准的，店堂内都悬挂着《药品经营许可证》和《营业执照》。

（2）如果知道买哪种药，可直接说出药品名称；如果不知道应该买哪种药，请向店内的药师说明自己买药的目的，是自己用，还是给孩子或老人买药，治疗什么病。

（3）购买处方药时，必须要凭医生处方才可购买和使用。

（4）购买非处方药时，应对患者的病情有明确的了解，如曾用过什么药品，用药的效果如何，有无过敏史等。

（5）在决定购买某种药品之前，应仔细阅读药品使用说明书，如果对说明书内容不明白，可向店内的药师咨询，以免买错药、用错药。

（6）买药时，一定要仔细查看药品包装上的生产日期、有效期等内容，不要买过期的药品。买药后一定不要忘记把购药的凭证保管好，万一药品质量有问题，购药凭证是维护自己权益的重要依据。

（五）科学合理用药

合理用药是指安全、有效、经济地使用药物。优先使用基本药物是合理用药的重要措施。不合理用药会影响健康，甚至危及生命。科学合理用药应遵循如下原则。

（1）用药要遵循能不用就不用，能少用就不多用；能口服不肌注，能肌注不输液的原则。

（2）阅读药品说明书是正确用药的前提，特别要注意药物的禁忌、慎用、注意事项、不良反应和药物间的相互作用等事项。如有疑问要及时咨询药师或医生。

（3）处方药要严格遵医嘱，切勿擅自使用。特别是抗菌药物和激素类药物，不能自行调整用量或停用。

（4）任何药物都有不良反应，非处方药长期、大量使用也会导致不良后果。用药过程中如

有不适要及时咨询医生或药师。

（5）儿童、老人和有肝脏、肾脏等方面疾病的患者，用药应当谨慎，用药后要注意观察。

（6）药品存放要科学、妥善，防止因存放不当导致药物变质或失效；谨防儿童及精神异常者接触，一旦误服、误用，应及时携带药品及包装就医。

（7）保健食品不能替代药品。

二、食品安全

食品安全主要是指食品无毒、无害，符合应当有的营养要求，对人体健康不造成任何急性、亚急性或者慢性危害。

（一）影响食品安全的因素

影响食品安全的因素主要有以下三方面。

（1）食品的污染导致的质量安全问题。如生物性污染、化学性污染、物理性污染等。

（2）食品工业技术发展所带来的质量安全问题。如食品添加剂、食品生产配剂、介质以及辐射食品、转基因食品等。

（3）滥用食品标志。如伪造食品标志、缺少警示说明、虚假标注食品功能或成分、缺少中文食品标志（进口食品）等。

（二）食源性疾病

食源性疾病是指通过摄食而进入人体的有毒、有害物质，包括生物性病原体等致病因子所造成的疾病，一般可分为感染性和中毒性，包括常见的食物中毒、肠道传染病、人畜共患传染病、寄生虫病，以及化学性有毒、有害物质所引起的疾病。食源性疾病的发病率居各类疾病总发病率的前列，是当前世界上最突出的公共卫生问题。引起食源性疾病的主要危害包括生物性危害、化学性危害、物理性危害。

1.生物性危害

生物性危害包括食源性细菌、食源性病毒、食源性寄生虫、天然毒素类共4种。

（1）食源性细菌。这种病原体最常见，在夏秋季节多发，引起中毒的食品常常是动物性食品。常见的食源性细菌病原体有以下几种。

①沙门氏菌病。它包括仅感染人的伤寒、副伤寒沙门氏菌和引起人食物中毒的鼠伤寒沙门氏菌、肠炎沙门氏菌、猪霍乱沙门氏菌等。此病多发生在夏季，可通过水和食物传播，中毒食品主要是肉类食品，常由于食物存放不当，食用前未烧熟煮透所致。

②细菌性痢疾。常由于进食被志贺菌污染的食物和水而引起，医学上称为细菌性痢疾，临床表现为恶心、呕吐、腹泻、发热、发汗、腹部疼痛和肌肉酸痛等。

③霍乱。由于进食被霍乱弧菌污染的食物和水而引起，常由于食用未煮熟海产品、生食蔬菜、吃水果不去皮，以及食品制作过程或存放时被污染所致。

（2）食源性病毒。最常见的是甲型肝炎病毒所致的甲型肝炎。病毒可感染人和不同动物，常年多发，各种年龄均易感染，水源、食物均可造成暴发流行，常见被污染的食品为冷菜、水果和果汁、乳制品、蔬菜、贝类和冷饮等。

（3）食源性寄生虫。常见的是旋毛虫病、绦虫病。由于食用被感染的动物性食品所引起，例如食用“米猪肉”等患囊虫病。

（4）天然毒素类。常见的有以下三类：海洋毒素，包括麻痹性贝类毒素、鱼类毒素的河豚毒素、西加毒素和鲭鱼毒素；真菌毒素；植物毒素，包括毒蕈中毒、豆类食物中毒、发芽马铃薯中毒。

2.化学性危害

常见的化学性危害有农药残留，有毒金属和化合物（铅、镉、汞、砷、氟、多环芳烃、多氯联苯、二恶英），工厂化学药品（润滑剂、清洁洗消剂、油漆），兽药残留。另外，还有亚硝酸盐食物中毒与有机磷农药中毒。

3.物理性危害

常见的物理性危害如金属碎片、玻璃碴、石头、木屑和放射性物质等引起的危害。

（三）十大“垃圾”食品及其危害

所谓垃圾食品，是指营养成分少、添加剂多（或者含有有害成分）且没有特殊保健功效的食品。长期食用垃圾食品有可能损害身体健康。因此，应该尽量少食用或者不食用垃圾食品，以减少引起身体危害的机会。垃圾食品常见有以下十类。

1.油炸类食品

主要危害是油炸淀粉可导致心血管疾病，还含有致癌物质，同时可使蛋白质变性并破坏维生素。

2.腌制类食品

主要危害是导致高血压，肾负担过重，还会导致鼻咽癌和消化道肿瘤。

3.加工类肉食品（肉干、肉松、香肠等）

此类食品主要是因含三大致癌物质之一亚硝酸盐和大量防腐剂而引起危害。

4.饼干类食品（不含低温烘烤和全麦饼干）

主要危害是因含食用香精和色素过多，对肝脏功能造成负担，严重破坏维生素，热量过多、营养成分低。

5.汽水、可乐类食品

主要危害是因含磷酸、碳酸而带走体内大量的钙，含糖量过高，喝后有饱胀感，会影响正餐。

6.方便类食品（主要指方便面和膨化食品）

主要危害是盐分过高，含防腐剂、香精而损伤肝脏，并且其只有热量而没有营养。

7.罐头类食品（包括鱼肉类和水果类）

主要危害是使蛋白质变性并破坏维生素，热量过多而营养成分低。

8.话梅蜜饯类食品（果脯）

此类食品主要是因含三大致癌物质之一亚硝酸盐和大量防腐剂、香精等引起危害。

9.冷冻甜品类食品（冰淇淋、冰棒和各种雪糕）

主要危害是因含奶油极易引起肥胖，含糖量过高影响正餐。

10.烧烤类食品

主要危害是因含三大致癌物质之首的苯并芘，同时因蛋白质炭化变性而加重肾脏、肝脏负担。

（四）食品添加剂

很多食物在存放一定时间后，就会滋生有害细菌等微生物，导致腐败变质，从而危及健康。而食品添加剂是为改善食物色、香、味等品质，以及为防腐、保鲜和加工工艺的需要而加入食品中的人工合成或者天然物质。

可以看到，食品添加剂中也有一部分是天然物质。因此，不要直接否定食品添加剂，它的作用是很多的，它的存在对于食品工业有特殊的积极意义。如防止食物变质，延长食物的保存期限，以及预防因食用被微生物感染的食物而诱发的食物中毒；还能改善食品的感官性状，满足大众的不同需求；尤其是如果在符合规定内，适当添加一些食品营养强化剂，对提升食品的营养价值也是有帮助的。

我国对于食品添加剂的使用要求是很严格的，充分考虑了大众的身体健康以及生命安全，所以，只要是合法合规的使用，对人体的健康是没有什么威胁的。但是仍要注意，要买正规厂家、在保质期内的食品，这样能够保证食品添加剂是在科学合理的范围内使用的。

第七节　实训、实习安全与职业健康

案例导入

操作不注意，折断三根手指

2019年8月，实习生高某在操作数控机床时，仅注意了工件的位置，没有注意自己手的位置，造成了左手三根手指折断，先后进行了三次手术，花费近10万元。

请思考：

1.你的专业在实习、实训过程中会存在哪些安全问题？

2.对于以后要从事的工作，你认为可能存在哪些影响健康的因素？

实训、实习环境与学校的学习环境大不相同，可能会遇到各种各样的困难，也存在相应的职业危险。学生在实习和就业后，很有可能面临各种影响职业健康因素的威胁，因此，了解职业危险，并懂得预防和应对，才能安全度过实习期，并在以后的职业工作中更好地避免危险，保持健康。

一、实训、实习安全注意事项

实训、实习是学生完成学业的必修环节，通过实习才能了解真实的生产环境与生产过程，掌握操作技能。近年来，实习生伤害事故时有发生，为避免实训、实习伤害事故，保护自身安全，学生在实训、实习期间必须树立安全意识、了解安全常识、遵守安全制度。

（一）安全建议

1.工厂车间安全建议

（1）进入厂区前检查劳保穿戴，不带与实习无关的物品进厂。

（2）进入厂区要注意卫生保洁。

（3）厂区内严禁吸烟。

（4）上班不能喝酒。

（5）上班期间不能大声喧哗，不能睡觉。

（6）上班期间严禁打闹。

（7）严禁串岗。

（8）注意每处的安全标志。

（9）不要随便触摸设备、管线表面，以免高温烫伤，不要触摸机器转动部位，以免划伤。

（10）不要擅自开关阀门、机泵或仪表按钮，不要擅自调节操作参数，操作时须在工人师傅的指导下完成。

（11）要爱护工艺设备、消防设备等。

（12）在易燃易爆区内禁用金属敲打、撞击、摩擦。

（13）不准翻越生产线。

（14）注意地沟、排污井等，防止滑倒或摔倒，防止阀杆或管线碰头。

（15）闻到异常气味时要迅速往上风方向撤离，防止中毒。

（16）设备出现紧急情况时，应先迅速撤离现场，并向上级汇报，联系维修人员，正确应对，绝不围观。

（17）在车间内实习时须在安全线内行走，在车间外行走时注意避让厂内的车辆，不要妨碍厂内车辆的正常通行，同时要注意自身安全，避免发生意外。

（18）与生产线上的师傅交流时要注意礼貌和谦和，不能干扰师傅的正常操作。

（19）有事必须与车间当班负责人请假。

（20）严格按安全规程操作。

2.办公室安全建议

（1）熟知办公场所的应急逃生路线图，注意观察办公楼道、消防逃生通道是否通畅，如有隐患及时报告主管部门。

（2）应谨慎使用和处理尖利的物品，如剪刀、美工刀、图钉等，并摆放有序。

（3）使用裁纸机、碎纸机时要集中注意力，小心领带、长发等被卷入其中。

（4）合理固定办公室电路电线，切忌缠绕，尽量远离过道，切勿乱拉电线、超负荷使用插座，不要自行修理电器设备，下班前应检查电器，切断电源。

（5）注意观察办公室饮水机是否清洁，发现饮用水变色、变混、变味要立即停止饮用，切忌空烧。

（6）书籍、水养小花卉等物品不要放在电脑主机或电源附近。

（7）正确使用办公室的复印机等设备，防止强光损伤眼睛。

（8）打开的抽屉应及时关闭，防止被绊倒或碰伤。

（二）应对措施

（1）发生危险时，要尽可能在第一时间远离或切断危险源，利用所学知识采取相应的应急处理办法进行自救和他救，绝不可袖手旁观，情况危急时要立即拨打急救电话。

（2）为了保障个人的合法权益，学生到实习单位顶岗实习前，学校、实习单位、学生应签订三方顶岗实习协议，明确三方的义务和责任，明确说明若发生人身伤害事故后的善后处理办法，以免发生不必要的纠纷。

二、粉尘类安全

粉尘是较长时间悬浮在空气中的固体微粒。粉尘有许多叫法，如灰尘、尘埃、烟尘、矿尘、砂尘、粉末等，许多行业在生产过程中都会有粉尘产生，例如采矿场、水泥厂、金属加工厂、汽车修理厂、粮食加工厂、服装厂、日用品加工厂等。粉尘具有较大危害，人体吸入粉尘后，极易深入肺部，引起中毒性肺炎，甚至引发难以治愈的疾病，如矽肺、硅肺等。粉尘还具有爆炸危害，随着工业的发展，爆炸粉尘的种类越来越多，粉尘爆炸事故屡见不鲜。学生在实习的过程中应了解行业中有关粉尘的危害和防护方法，以避免遭受粉尘的侵害。

案例分享

企业违规操作，9 名工人患矽肺病

某石英砂厂 40 多名工人解聘时自发进行了粉尘作业离岗时职业健康体检，发现并确诊了 9 名矽肺患者。该厂使用石英矿石为原料生产石英砂，企业为了获取最大利益，将湿性作业改为干性作业，车间的除尘设施严重缺乏，工人加料、包装均为手工操作。疾控中心通过对作业场所调查和检测分析，发现多个岗位矽尘浓度超过职业接触限值多倍。

（一）安全建议

（1）工作时按国家颁布的劳动防护用品配备标准及有关单位规定配备工作服、手套、防毒防尘口罩、防护眼镜及耳塞等劳动防护用品，并严格遵守劳动防护用品的采购、验收、保管、发放、使用、报废制度。

（2）粉尘车间确保通风、防爆、隔爆及泄爆等多级设施完好、适用。

（3）在粉尘作业场所应杜绝各种非生产明火存在，如吸烟等。

（4）注意工作场所，尤其是存在易爆粉尘的场所，是否安装了防雷设备、防爆防尘设备、电气防过载设备、皮带传动相应安全防护装置。如果没有，要及时向主管部门汇报。

（5）基于对自己生命安全负责的原则，在发现其他人员有违背安全守则的操作行为时，要及时劝阻。

（6）粉尘作业人员应穿棉质工作服，不得穿化纤材料制作的工作服。

（7）当发现粉尘火灾爆炸事故的征兆，以及发生粉尘火灾爆炸事故后，应当依事故现场处置方案，立即停机，切断现场所有电源开关，通知现场及附近人员紧急撤离事故现场，并立即向公司（工厂）安全主任或上级报告。

知识链接

粉尘防护四字真言

“检、察、护、规”：

检——定期做职业健康身体检查；

察——注意观察身边安全隐患；

护——穿戴好个人防护用具；

规——规范进行各项操作。

（二）应对措施

应对粉尘伤害主要以预防为主，如果遇到突发的粉尘泄漏事件或发现粉尘火灾爆炸的征兆时，应冷静应对。如果在生产车间遇到粉尘泄漏情况，可以采取如下几种应对措施。

（1）要立即停止机器操作，切断现场所有电源开关，切忌点燃明火。

（2）通知现场及附近人员紧急撤离事故区域，并立即向上级报告。

（3）如果在公共场所遇到粉尘事故，身边没有口罩防护服等护具，要尽量用衣物等掩住口鼻，尽量减少吸入的可能。

（4）如果已经有火势出现，在不明粉尘成分构成的情况下，不要贸然使用灭火器，以免加大火势或引起二次爆炸。

（5）在安全的情况下立即拨打火警电话 119，等待救援。

三、化学因素类安全

化学品防护不到位是主要职业危害因素之一，也是影响劳动者健康最突出、最复杂、后果最严重的职业危害因素。随着我国工业化的快速发展，化学毒物的种类也越来越繁杂，2015 年，由国家卫生计生委、安全监管总局等多部委联合下发的《职业病危害因素分类目录》中，对化学因素列举了 370 多种。据不完全统计，1991—2006 年，全国累计发生中毒 38412 例，其中急性中毒 21482 例，慢性中毒 16930 例。在经济快速发展的今天，某些生产中避免不了要接触有毒有害物质，有的是原材料，有的是半成品，也有的是最终产品。因此，在上岗前要充分认识有毒物质的危害，有针对性进行防护，以避免发生危险。

案例分享

防护没做好，引发汞中毒

某灯泡厂的女工为厂里电焊工，在工作的9年间时常接触汞蒸气，工作的车间为地下室，个人防护设备仅有普通工作服和纱布口罩，每日工作10小时，她在工作第一年就出现头晕、头痛、乏力、失眠、记忆力减退等症状，但未给予重视，也未进行职业病健康检查。后来，她出现牙龈肿胀、充血、神经衰弱等多种症状，并变得易怒、情绪抑郁、生活懒散等，经医院检查该女工为慢性重度汞中毒，并引发精神障碍。

（一）安全建议

（1）工作前要确认自己已完全清楚从事此类行业可能对身体造成的危害。

（2）上岗前要由所在公司或工厂进行全面的安全培训，熟知各项操作规程及安全防护措施。

（3）确认所在公司或工厂拥有相应受限空间作业许可证后，再决定是否上岗。

（4）严格按照操作规程进行作业，上岗时应办齐进入密闭空间的各种票证。

（5）工作人员在密闭空间进行检修、维修时，要注意通风换气，并对密闭空间内部进行氧气、危险物、有害物浓度监测，应由专人对此进行监督。

（6）工作人员要佩戴供氧式防毒面具，确认工作场所是否设置自动报警装置，例如硫化氢自动报警装置等。

（7）监护人员应配备必要的应急救援器材（小型氧气呼吸器），并进行医疗培训，掌握简单的医疗救援措施。

（8）从事重度危害作业的工作人员，应逐步实行轮换、短期脱离、缩短工时、进行预防性治疗等措施。患职业禁忌症和过敏症者，发现后应及时离开工作岗位。

（二）应对措施

化学品在生产、储存和使用过程中，因容器意外破裂、遗洒造成的泄漏事故时有发生，因此需要采取及时、有效的安全技术措施来消除或减少危害，如果处置不当，随时可能转化为火灾、爆炸、中毒等恶性事故。

（1）化学品一旦发生泄漏，首先要启用应急产品防止扩散，紧接着要疏散无关人员，隔离泄漏污染区。

（2）如果是易燃易爆的化学品大量泄漏，一定要第一时间拨打119火警电话，请求专业的防化人员和消防人员救援。

（3）如果泄漏的是易燃品，必须立即消除泄漏污染区内的各种火源。

（4）如果是在生产过程中发生的泄漏，要在统一的指挥下，通过关闭有关阀门、切断相关联的设备管线、停止作业来控制泄漏。

（5）在处理泄漏的化学品时，参与人员要对化学品的性质和反应特征有充分的了解，绝对不要单独行动，还要特别注意对呼吸系统、眼睛、皮肤的防护。

（6）如果是气体泄漏，应急处理人员首先应止住泄漏，用合理的通风方式使气体扩散，不至于积聚，或者采用喷雾状水使之液化，之后再做处理。

（7）如果是少量的液体泄漏，可用沙土或者其他不可燃吸附剂进行吸附后再处理。

（8）如果是大量液体泄漏，可采用引流的方式将其引导到安全地点，要注意覆盖表面减少蒸发，再进行转移处理。

（9）如果是固体物质泄漏，要用适当的工具收集泄漏物，并用水冲洗被污染的地面。

四、物理因素安全

（一）物理因素分类

在生产和工作环境中，与劳动者健康密切相关的物理因素主要有三大类，分别为气象条件类、噪声和振动类、非电离辐射类。

1. 气象条件类

气象条件类有高温、低温、低气压、高气压、高原低氧等。高温环境包括炎热天气的户外作业以及高温车间，容易引起高温中暑。低温环境包括冬季寒冷天气户外作业及人工低温的冷库、低温车间等，容易发生冻伤和低温症。低气压和高气压环境常出现在高空、高原、潜水、潜涵作业中，易对人的听觉系统、视觉系统和心血管系统产生不良影响。高原地区的环境为高原低氧，易发生高原病。

2. 噪声和振动类

（1）噪声对人体的影响是多方面的，很多加工企业的作业环境中噪声分贝都很高，噪声对听力系统、神经系统都有伤害，可能给人造成耳鸣、神经衰弱等。

（2）在生产过程中由于机器转动、撞击或车船行驶等产生的振动为生产性振动，在使用风动工具（气锤、风钻、风镐等）、电动工具（电钻、电锯、电刨等），以及高速旋转工具（砂轮机、抛光机等）时会接触到局部振动。长期接触局部振动可能会对神经系统、心血管系统、骨骼肌肉系统、免疫系统和内分泌系统造成影响，典型的振动导致的职业病称为振动病，也称职业性雷诺现象、振动性血管神经病、气锤病和振动性白指病。

3. 非电离辐射类

非电离辐射包括紫外线、光线、红内线、微波及无线电波等，非电离辐射的行业主要有焊接、冶炼、半导体材料加工、塑料制品热合、雷达导航、探测、电视、核物理研究、食品加工、医学理疗等，强度较大的辐射可能会导致头昏、乏力、记忆力减退、月经紊乱等症状。激光是一种人造的、特殊类型的非电离辐射，广泛应用于精密机械的加工、通信、测距、微量元素分析、外科手术等领域，如果使用不当会对眼睛和皮肤产生伤害。

物理因素危害在某些生产中不可避免，因此针对物理因素的预防不是消除这些因素，而是设法将其控制在适宜的范围内。

案例分享

职业性手臂振动病

某五金塑胶制品有限公司打磨班的33名工人被查出职业病——职业性手臂振动病。该公司工人陈某在这个公司做了4年的打磨工作，有时为了赶工时，每天从早上8时到晚上10时，除了吃饭，他只能在车间里拿着打磨机工作。直到被检查出“职业性手臂振动病”，工人们才了解到这个职业病的存在。

（二）安全建议

（1）在应对气候类型的物理因素职业伤害时，首先要做好防护。例如在高温车间，应对热源采取有效的隔热措施，常见的方法有利用流水吸走热量，或用隔热材料包裹热源管道等。加强通风也是改善环境最常用的方式。在高温环境中作业时还要注意补充水分和盐分，持续作业时间不能过长。

（2）为防止发生冻伤，应当做好防冻保护。应穿着吸湿性强的防寒服，在潮湿环境下劳动时应穿戴橡胶长靴或橡胶围裙等，工作前后涂擦防护油膏，养成良好的卫生习惯。凡有心血管、肝、肾疾病的患者，不宜从事低温作业。

（3）高空、高原和高山均属于低气压环境，要预防高原病的发生。首先应进行适应性锻炼，实行分段登高，逐步适应。在高原地区应逐步增加劳动强度，对劳动定额和劳动强度应相应减少和严格控制。同时摄取高糖、富含多种维生素和易消化的食物，多饮水，不饮酒；注意保暖防寒、防冻、预防感冒。对进入高原地区的人员，应进行全面体格检查，凡患有心、肝、肺、肾等疾病，高血压、严重贫血者，均不宜进入高原地区。

（4）对于噪声危害的防护主要是控制和消除噪声源，如果工作和生产场所的噪声暂时不能控制，需要佩戴好个人防护用品，如耳塞、耳罩、帽盔等隔音防护用品。

（5）如果经常接触噪声，要定期进行听力检查，以便早期发现听力损伤。凡有听觉器官、心血管及神经系统疾病的患者，不宜参加有噪声的作业。要控制作业的时间，合理换班。

（6）预防振动的危害应从工艺改革入手，改进工具，工具把手应设缓冲装置，设计自动或半自动式操纵装置，减少手及肢体直接接触振动体，振动作业工人应发放双层衬垫无指手套或衬垫泡沫塑料的无指手套，以减振保暖。应建立合理的劳动制度，订立工间休息及定期轮换制度，并对日接触振动时间给予一定限制。组织定期体检，及时发现和处理受到的振动损伤。

（7）对于紫外线、光线、红内线、微波及无线电波等非电离辐射危害，首先最重要的是对电磁场辐射源进行屏蔽，其次是加大操作距离。在工作场所一定要注意辐射源是否屏蔽良好，不要随意打开辐射源的机壳。要认清辐射源周围的警示标志，不靠近辐射源，保持安全距离。作业时应穿戴专业的防护衣帽和眼镜。

（8）对于激光要有了解，严禁裸眼观看激光束，作业区要有醒目的警告牌，作业时应佩戴合适的防护眼镜和防护手套，操作室不得安置能反射光束的设备。

知识链接

高原病的防护口诀

初到高原心态好，防护口诀要记牢：
乐观豁达莫恐高，防寒保暖不感冒；
一日三餐不过饱，抽烟喝酒要减少；
活动适量别快跑，身体不宜过疲劳；
难以入眠莫心焦，高枕无忧睡好觉；
咳嗽血痰可不妙，严格卧床吸氧早；
头痛呕吐走路摇，立即就医须做到；
早诊早治最重要，综合防治效果好。

（三）应对措施

要掌握如下基本的急救知识，才能在发生物理因素伤害时进行及时的救助。

（1）在电焊、气焊、气割等作业过程中，容易发生电光性眼炎，这是紫外线过量照射所引起的急性角膜炎，在急性期要卧床闭目休息，或使用遮盖眼罩，以减少光线对眼的刺激，应使用潘妥卡因、地卡因等眼药水缓解疼痛，并及时就医。

（2）出现高原病症状时要卧床休息，进行吸氧，及时送医进行药物治疗，在病情稳定时送离高原地区。

（3）对于噪声、振动的影响要以预防为主，发现身体有不适，一定要及时就医，遵循医嘱进行治疗。

五、放射类因素安全

放射性是指元素从不稳定的原子核自发地放出射线，衰变形成稳定的元素而停止放射的现象。当环境中的放射性物质的放射水平高于自然水平，或超过规定的卫生标准，就成为放射性污染。很多人可能会认为只有在核战争或者核泄漏发生时才会导致放射性污染，离普通人很远，然而事实并非如此，许多行业的许多工种都存在着放射性因素的职业危害，比如石油和天然气开采业的钻井和测井、日用化学品制造业的感光材料检验、塑料制品业的塑料薄膜测厚、食品加工业的辐射灭菌和辐射保鲜、医药工业的放射性药物生产、辐射医学的X射线透视检查和介入治疗等。如果防护措施不当，就可能患上放射病。急性放射病可能会引起造血障碍、发育停滞、皮肤溃疡、暂时或永久性不育，慢性放射病则会引起神经衰弱、白内障、造血系统或脏器功能改变。

案例分享

放射性皮肤病

一位从事医院放射工作近30年的医生，发现自己的双手出现皮肤干燥、色素沉着、粗糙、指甲灰暗、皮肤皲裂或萎缩变薄、毛细血管扩张、指甲增厚变形、角质突起、指端角化融合、肌腱挛缩、关节变形、功能障碍等症状。从他的叙述中可以了解到，在做胃钡餐检查或肢体骨折X线复位时，他经常不戴防护手套。最后，经省劳动卫生职业病防治所诊断，该医生患上了放射性皮肤病。

（一）安全建议

（1）从事放射性工作的人员一定要有高度的警惕性，要严格遵守相关的行业规范守则，切不可掉以轻心。

（2）防止放射危害的根本方法是控制辐射源。在保证应用效果的前提下，尽量减少辐射源的用量。例如在工业探伤作业中，采用灵敏的影像增强装置，可减少照射剂量。

（3）时间控制。在作业时尽量减少人员受照射的时间，比如几人轮流操作、熟练操作技术、减少不必要的停留时间等。

（4）屏蔽防护。既要注意检查放射源屏蔽设施是否完好，又要注意个人佩戴的屏蔽防护装备是否齐全。

（5）保持安全的操作距离。在保证效果的条件下，尽量远离辐射源，操作过程中切忌直接触摸放射源。

（6）从事放射性相关职业的人员最好建立特殊档案，定期体检。

（7）放射性工作场所要有明显的警示标志。工作人员在进入工作区时应随身携带便携式的专业放射性检测仪，以便能够随时预警。

（8）放射性废物也必须有明显标记，并进行专业处理。

（9）进行放射性相关操作后，应及时清洗体表、工作服、器皿等，以防放射性表面污染造成危害。手和皮肤的清洗可用肥皂、洗涤剂、高锰酸钾、柠檬酸等，不宜用有机溶剂。工作服若污染严重，要用草酸和磷酸钠的混合液洗涤，且不宜用手洗。

（10）工作单位应有处理应急事故的预案。

（二）应对措施

当工作场所的放射源或放射性物质在使用、运输、储存的过程中发生失控、丢失、被盗以及人员遭受超剂量照射事故时，应本着迅速报告、主动抢救、生命第一、控制事态恶化、保护现场收集证据的原则，做出快速反应。发生放射源被盗、丢失事故时，应立即通知主管部门，并向公安机关、卫生行政部门报告，配合侦查，尽快找回丢失的放射源。发生人员遭受超剂量照射事故时，除立即上报外，要迅速让受照人员就医，并控制现场，让无关人员快速撤离，以防止事故蔓延。

六、生物类因素安全

职业性的生物类有害因素是对生产原料和生产环境中存在的，对职业人群健康有害的致病微生物、寄生虫、昆虫和其他动植物及其所产生的生物活性物质的统称。我国法定的职业性生物类有害因素包括布鲁氏杆菌、森林脑炎病毒、炭疽芽孢杆菌，以及其他可能导致职业病的生物因素。较常接触生物因素的职业有畜牧业、养殖业、食品加工业、生物医药业等。生物类因素导致的疾病很多都具有传染性。在选择生物类因素相关职业时，要详细了解相关的专业知识，预防可能的危害。

案例分享

皮毛商人感染布鲁氏杆菌病

蔡某，男，48岁，商人，主要从事皮毛收购业务。半个月前，蔡某无明显诱因开始出现发热症状，同时伴有乏力、头痛、四肢肌肉酸痛、大汗、双膝及双关节痛等症状。由于长期从事皮毛收购业务，对于相关传染病有着丰富经验，蔡某及时就诊。经诊断，蔡某感染了布鲁氏杆菌病。在及时接受专业治疗的情况下，六周后蔡某顺利出院，出院两个月后症状复发，经过再次治疗，十周后症状消失，随诊半年无复发。

（一）安全建议

（1）工作期间及工作前应及时接种相关疫苗，定期进行身体检查，对自身身体状况有基本的了解。

（2）对身体出现发热、头痛或其他可能的发病征兆时，要有高度的警觉性，一旦感到身体不适要及时就医。

（3）从事需要在森林中进行作业的工作时，如伐木、护林、中草药采摘等，要穿戴好“五紧”防护服及高筒靴，头戴防虫罩，防范被蜱虫或其他虫子叮咬，以免被传染森林脑炎病等传染病。

（4）从事须与动物直接或间接接触的工作时，如食品制造业、纺织业、畜牧业、皮革及其制造业、兽医等，需做好如下防护。

①按相关规定穿戴好工作服和工作鞋。

②解剖动物、人工授精、制作皮毛用具时，一定要戴好乳胶手套。

③业务人员不要带病工作，尤其是手上有伤口时，不要与动物直接接触，防止炭疽病的传播。

④工作衣物应及时更换，且要经常用80℃以上的水浸泡20分钟，再用肥皂或洗衣粉洗涤。

⑤兽医人员在布鲁氏杆菌病检疫采血时应戴乳胶手套、口罩、帽子，穿工作服、工作鞋，工作时禁止吸烟、吃零食、玩手机。

（二）应对措施

在暴雨、洪涝、泥石流等灾害发生后，当发现有牲畜或其他动物突然死亡的情况时，应警惕是否为牲畜感染炭疽病毒。首先要上报当地的防疫部门，等待专业的工作人员来处理，不要接触动物尸体，不要触碰尸体周围的积水、血液、杂草等，应与动物尸体保持一定距离。当确定为炭疽感染后，严禁进行尸体解剖，应由专业人员将尸体包装后运到指定地点焚烧。对牲畜活动的场地，畜栏地面、过道及周边连续三天用消毒水喷洒，污染的饲料、垫草、粪便要焚烧处理。未发病的牲畜要限制转移，实施监控，一个月后未发现有新病例方为安全。

蜱虫叮咬易引起森林脑炎，如果蜱虫已刺进皮肤，不可用力猛拉，以免蜱虫的刺连同头断在人的皮肤内形成溃疡，不易愈合。最好先用油类或乙醚滴于蜱虫身体致其死亡，再轻轻摇动，缓缓拔出。如果蜱虫的刺已经断入皮肤，可先用消毒针仔细挑出，再用碘酊或酒精消毒，并及时就医。

七、常见职业性劳损防治

职业性劳损是指劳动者因工作需要经常进行重复而用力不适当的肌腱活动，或因工作时姿势不正确，而造成的肌肉骨骼运动系统损伤。劳损可以是因一次意外引起肌肉肌腱发炎，但大多数是日积月累的磨损造成的。比如经常操作计算机的人容易造成“键盘肘”“鼠标手”，搬运重物时用力不当容易导致腰肌劳损，长期伏案工作的人容易患颈椎病等。职业性劳损不如职业病那样严重危害人身安全，但也会使人产生经常性的局部疼痛，影响生活质量，所以一定要在工作中注意身体姿势，控制工作强度，及时休息，以避免形成职业性劳损。

案例分享

长期使用鼠标、键盘患腕管综合征

贾某，女，32 岁，从事文秘工作。某天清晨，贾某从家开车去公司上班，刚过一座桥，突然右手开始发麻、无力，连方向盘都无法握稳。幸好她及时靠边，没有造成交通危险。当天，贾某被确诊为腕管综合征，也就是俗称的“鼠标手”。贾某知道伏案久了、电脑用久了会对颈椎、腰椎不好，工作间歇也时常进行相应的放松、锻炼，但从未意识到手上的病也会如此严重。她回想起每天实际工作时间都超过 10 小时，而她的日常工作除了偶尔递送文件外，一般都是在电脑桌前完成，有时候是手写，但更多时候是用电脑打字。长久地使用鼠标、键盘是其患腕管综合征的直接原因。

（一）安全建议

（1）伏案工作者，应注意调整操作台的高度，使操作台略低于肘部，以避免前臂过度伸展、手腕弯曲及扭转等动作。连续工作时间不宜过长，连续工作一小时后应做一些手臂伸展、握拳等放松练习。

（2）经常使用电脑的工作者，要注意视线与电脑屏幕齐平，不要长时间低头工作。

（3）眼睛不要长时间盯着屏幕，可增加眨眼的次数，缓解眼睛干涩，经常做眼保健操，可以缓解眼部周围肌肉的紧张。

（4）需要长时间站立的工作者，尽量选择底厚且有弹性的鞋子，保护足部，可穿戴防静脉曲张的弹力袜。连续工作一小时后可做抬高腿部的动作，帮助静脉血回流。

（5）经常搬重物的工作者，要采用正确的发力方法，背部收紧，使用大腿肌肉发力，能够减少腰部的损伤。

（6）如果需要重体力劳动的工作者，应安排好轮班，避免一个人或一个岗位负担过重。

（7）因劳损引起的局部疼痛，要遵医嘱，不要盲目用止痛药。

（二）应对措施

职业性劳损虽然大多数是日积月累造成的，但也存在因一次意外引起肌肉肌腱发炎的情况，搬重物或其他用力的动作扭到腰时，首先要固定腰背部，再身体平卧，以利于损伤组织获得正常愈合。不要盲目移动、活动身体，不要盲目按摩，要及时送医后遵医嘱治疗。情况严重的病例，通常要卧床2～3周，以石膏进行腰部制动；情况较轻的，休息2～3天后，戴简易腰围护具可起床活动。后期可遵医嘱使用理疗、药敷、针灸、局部按摩等手段进行治疗。在恢复阶段要注意康复锻炼，以恢复腰背肌功能为主，从静止状态下肌肉自主收缩开始，循序渐进，无明显疼痛后再增加运动量。

第八节　网络与信息安全

案例导入

谎称父母遇难骗打赏

2015年8月12日天津发生爆炸事故后，防城港的杨某发布虚假微博，谎称其父母遇难，博得网友同情，并利用微博的“打赏”功能，获得3739名微博网友共计总金额为96576.44元的“打赏”费。事后，经当事人举报，公安机关依法控制其赃款，将3856笔“打赏”费退还到各网友账户中，并以诈骗罪追究杨某的刑事责任。

请思考：

1.自己是否遇到过网络诈骗？

2.在日常使用网络中，还存在哪些安全因素？

随着科学技术的不断进步，信息技术的飞速发展，互联网已经成为人们日常生活中不可或缺的一部分。众所周知，互联网为人们的工作和学习提供了诸多便利，但是现如今，网络与信息的安全问题已经成为社会各界密切关注的话题。诸如网瘾、网络诈骗、个人信息泄露、不良网站等安全隐患都是由网络引起的，而这类安全隐患对于没有树立相应安全意识的青少年来说，影响是巨大的。正处于青春期发展关键阶段的学生，对网络危害的抵抗能力较弱，所以加强青少年网络与信息安全教育就显得尤为重要。

一、网络依赖

上网者由于长时间地、习惯性地沉浸在网络时空当中，对互联网产生强烈的依赖，以至于他们达到了痴迷的程度，产生难以自我解脱的行为状态和心理状态。网络依赖的形成受到多方面的影响，如来自家庭、学校、自身、机制等，因此在青少年身上出现“网络依赖”这一现象时，不应将错误全部归结给他们自己。相反，更大一部分原因应归结到其所处的环境，即家庭和学校的教育引导与管理。

案例分享

父母分居后孩子沉迷网络

17岁的淳恩（化名）是一名高一学生，淳恩的父母在他上高中的时候就分居了，家庭环境的突变对淳恩的打击非常大。父母分居后对其监管也变得松懈，淳恩开始沉迷网络、逃学等。

（一）安全建议

（1）当有以下几种症状时，可能已经对网络产生了依赖，请及时注意。

①对网络的使用有强烈的渴求或冲动感。

②减少或停止上网时会出现周身不适、烦躁、易怒、注意力不集中、睡眠障碍等戒断反应，上述戒断反应可通过使用其他类似的电子媒介，如电视、掌上游戏机等来缓解。

（2）当满足下列行为中的任意一种时，应立刻去咨询父母或者学校的心理老师。

①为达到满足感而不断增加使用网络的时间和投入的程度。

②使用网络的开始、结束及持续时间难以控制，经多次努力后均未成功。

③固执使用网络而不顾其明显的危害性后果，即使知道网络依赖的危害仍难以停止。

④因使用网络而减少或放弃了其他的兴趣、娱乐或社交活动。

⑤将使用网络作为一种逃避问题或缓解不良情绪的途径。

⑥网络依赖的病程标准为平均每日连续使用网络时间达到或超过6个小时，且符合症状标准已达到或超过3个月。

（二）应对措施

（1）明确网络依赖所带来的危害，做到“自我约束”。

（2）监护人对学生应起到必要的监督作用，规定学生每日上网时间。

（3）监护人应树立榜样，以身作则，多与子女沟通交流。

（4）积极参加户外活动，培养其他兴趣，从网络“虚拟世界”中走出来。

（5）应多与其他同学进行交流，避免因沉迷于网络所导致的各类心理问题。

（6）如果情况严重，必要时可进行心理治疗。

（7）严禁限制人身自由的治疗方法，严禁体罚。

二、网络诈骗

网络诈骗是指以非法占有为目的，利用互联网采用虚构事实或者隐瞒真相的方法，骗取数额较大的公私财物的行为。网络诈骗的特点是捏造事实、虚构真相、利用互联网实施诈骗行为。当前网络犯罪猖獗，而网络诈骗是主要且高发的犯罪类型。

（一）网络诈骗作案手段

在各类网络诈骗的案例中，不法分子的主要作案手段有以下几种。

（1）利用网络病毒，盗取身份信息，冒用身份进行诈骗。

（2）虚构中奖信息，骗取网民信任，进行诈骗。

（3）伪造或盗用各类网络通信软件信息，对家人和朋友实施诈骗。

（4）骗取银行卡等转账验证码，进而骗取钱财。

（5）通过网络聊天、网络交友等形式，骗取信任后，进行诈骗。

（6）利用网络购物等信息，发布虚假广告进行“低价诱惑”，骗取消费者信任后，进行诈骗。

青少年往往缺乏警惕心理，对于一些陷阱没有判断能力，容易上当受骗。因此应该了解一些网络诈骗手段，掌握应对措施，以免成为受害对象。

（二）安全建议

（1）不要浏览非法的网站，要定期清理电脑病毒。

（2）不要轻信网络上各类中奖信息。

（3）定期更换通信软件的密码，不要用生日，或者 123456 这类的简单密码。

（4）不要随便将各类软件的密码发送给其他人。

（5）不要随便给网友或者电商汇款，网购时尽量选择货到付款。

（6）网购时，如果需要在线支付，请选择有第三方支付手段的平台（例如支付宝等）。

（7）上网时记得打开电脑的“防火墙”，并确保杀毒软件处于实时保护状态。

（8）不要随便在网上填写个人信息，要注意对隐私的保护。

（三）应对措施

（1）当发现钱财被骗时，请立刻拨打 110 进行报警，并保留与犯罪分子的消息记录和一切有利证据。

（2）当朋友或亲人通过聊天软件要求借钱时，请打电话或者当面核实信息。

（3）网购时，如发现商品存在假冒伪劣嫌疑，可与客服联系退货。如商品确实为假冒商品，可以对商家进行投诉。

三、网络谣言

网络谣言是指通过各类网络媒介肆意传播没有事实基础、事实依据的消息。一般的传播途径包括网络论坛、聊天软件、社交软件等。主要的对象有名人明星、各类社会突发事件等。网络谣言的产生原因大多与传播群体科学知识的欠缺、网络信息监管的滞后、各种商业利益的驱动有着密切的关系。2013 年 9 月 9 日公布的《最高人民法院、最高人民检察院关于办理利用信息网络实施诽谤等刑事案件适用法律若干问题的解释》，明确了网络谣言的各类定罪形式。

案例分享

在校学生散布“新冠”谣言

2021 年 8 月 6 日晚，山西省忻州市五台县在校学生张某某散布谣言，在微信上发布“新冠确诊人员密切接触者王某某已确诊”的信息。被网友大量转发，引发群众猜疑和恐慌。

经查，张某某擅自将网上“关于新冠确诊人员密切接触者王某某行程及核酸样本待出”的信息修改为“关于新冠确诊人员密切接触者王某某已确诊”，并在微信上转发，造成了不良影

响。由于张某某系在校学生，因此五台县公安局对其进行严肃教育并责令其家长和学校加强管理。

（一）安全建议

（1）不传谣、不造谣，不给不法分子可乘之机。

（2）用科学的知识来武装自己，当不确定的消息来临时，要利用所学知识，分析消息的正确性，切记不要人云亦云、三人成虎。

（3）要提高自己的辨别觉察能力，不轻信不正规渠道流传的网络消息。

（4）明确网络谣言的严重性，提高自身法制观念。

（二）应对措施

（1）当收到虚假信息时，要及时收集证据，并向网络违法犯罪举报网站进行报案，（网址 http://www. 12377 .cn/），或者拨打 12377 进行电话举报。

（2）如果情节严重，或者涉及自身的利益，对自身的名誉等造成了危害，请及时向当地公安机关报案。

四、网络淫秽

网络的不断发展，给人们的学习和生活带来了极大的便利。但是在网络中，也传播着落后和腐朽的思想文化，充斥着各类的不良网站和不健康信息，对广大中学生的健康成长带来了极大的负面影响。其中网络淫秽信息是危害青少年成长的罪魁祸首，据有关部门调查，网民对各类不良信息的举报中，淫秽色情类的有害信息举报较为突出，占六成以上。

（一）区分淫秽物品

淫秽物品是指具体描绘性行为或者露骨宣扬色情的淫秽性的书刊、影片、录像带、录音带、图片等物品。但是，有两类属于特例，第一类是有关人体生理、医学知识的科学著作。例如性教育教材就不属于淫秽物品；第二类是包含有色情内容的有艺术价值的文学、艺术作品也不视为淫秽物品。例如著名的雕像“掷铁饼者”不属于淫秽物品。

（二）传播网络淫秽色情信息的量刑标准

传播网络淫秽色情信息是违反法律的，在《最高人民法院、最高人民检察院关于办理利用互联网、移动通信终端、声讯台制作、复制、出版、贩卖、传播淫秽电子信息刑事案件具体应用法律若干问题的解释》中，明确指出了利用互联网传播、复制、售卖网络淫秽信息的量刑标准。其中情节严重的，处三年以上十年以下有期徒刑，并处罚金；情节特别严重的，处十年以上有期徒刑或者无期徒刑，并处罚金或者没收财产。所以，在日常的学习中，人们要洁身自好，不给不法分子可乘之机。

案例分享

中学生参与网络贩卖淫秽物品

2015 年 11 月中旬，冀州市公安局民警在一次巡查中发现，有大量的淫秽图片、视频通过网络传播进入冀州境内。经过警方调查，锁定了藏匿于天津市区的犯罪嫌疑人王某并将其抓获。审问时王某交代他的作案过程，他参与复制、贩卖淫秽百度云盘 700 余个，每个云盘的存储容量为 2T。而 9 名嫌疑人中有 3 名竟然是中学生，参与贩卖云盘的主犯之一郭某，就是一名高中生，年仅 15 岁的他由于沉迷淫秽视频，学习成绩一落千丈，最终走上违法的道路。

（三）安全建议

（1）不上传、不下载、不传播网络淫秽色情信息。

（2）强化道德意识标准，树立正确的人生观、价值观，做到立场坚定。

（3）要做到自我约束、纠正不良行为，从自身出发提高抵御网络淫秽色情信息的能力。

（4）坚决抵制网上淫秽色情信息，主动参与“净网行动”。

（5）积极举报不良网站，做网络健康环境的协管员。

（四）应对措施

（1）当受到不良信息的骚扰或威胁时，应在第一时间留下证据，并拨打 110 报警。

（2）在上网时，当发现带有不良信息的网页时，可以拨打 12377 进行电话举报，或者进行网上举报（http：//www.12377.cn）。

五、网络病毒

网络病毒是指计算机病毒，即编制者在计算机的运行程序中插入破坏计算机功能或者数据的软件，影响计算机使用并且能够自我复制的一组计算机指令或者程序代码。

与医学上的“病毒”不同的是，计算机病毒不是天然存在的，是某些人利用计算机软件和硬件所固有的脆弱性而编制的一组指令集或程序代码。它可以通过某种途径潜伏在计算机的程序里，当达到某种条件时即被激活，从而感染其他程序，对计算机资源进行破坏，影响网络用户的使用，盗取用户的个人信息、账号以及密码等。

现如今一些不法分子利用网络病毒实施各类犯罪，骗取钱财，手段多样，并且随着电子技术的发展，手机网络病毒的传播也日益泛滥，用户只要稍不留神就会中了网络病毒的招。

案例分享

误点病毒文件，存款不翼而飞

2019 年 8 月，某市居民王女士银行卡上的 12 万余元莫名被盗。前段时间，她在网上聊天时，接到一位群友发的文件，出于好奇就点开了。当时，文件没有任何反应，也无法打开，王女士也就没在意。事后接到银行短信，发现银行卡中的 12 万元存款不翼而飞。王女士马上报了警，警方在调查中发现，王女士上网时因误点病毒文件，钱已经被不法分子转走。

（一）安全建议

（1）不要轻易点击“带链接”的短信。

（2）不要轻易扫描来路不明的二维码。

（3）不要从各类论坛、不正规的网页上下载软件。

（4）应安装专业安全软件，拦截网络病毒、恶意网址。

（5）使用电脑时，不随便安装陌生人传送的程序。

（6）应为计算机安装杀毒软件，定期扫描系统、查杀病毒。

（7）应及时更新病毒库、更新系统补丁。

（8）下载软件时尽量到官方网站或大型软件下载网站，不要安装或打开来历不明的软件或文件。

（9）定期备份计算机，以便遭到病毒严重破坏后能迅速修复。

（二）应对措施

（1）当电脑被病毒侵害时，可以重新安装系统，为电脑安装强有力的杀毒软件和防火墙。定时更新，提防黑客侵入。

（2）当手机被病毒侵害时，应拔掉电话卡，关掉网络，全面杀毒或者恢复出厂设置。必要时为手机号办理临时冻结业务。

（3）若已造成经济损失，应当马上更换与之关联的账户密码并且立即报警。

（4）当收到他人发来的异常消息，应及时提醒其检查账号安全问题，一旦发现账号被盗，应立刻通知所有联系人不要相信此账号发出的各类交易请求，防止造成更严重的损失。

六、电信诈骗

电信诈骗是随着电子技术快速发展而产生的新型犯罪行为。犯罪分子利用电话、网络，以及短信的方式，编造虚假信息，目的是引诱受害人上当，使受害人给犯罪分子打款或转账。整个过程都是在远程、非接触式的情况下完成的。

在电信诈骗中，作案者常冒充电信局、公安局等单位工作人员，以受害人电话欠费、被他人盗用身份涉嫌经济犯罪，以没收受害人所有银行存款进行恫吓威胁，骗取受害人汇转资金。电信诈骗活动蔓延性大，发展迅速，涉及范围广，造成的损失也相当严重。其诈骗手段翻新速度快，花样层出不穷，多为团伙作案，采用非接触式诈骗，分工细致，有些犯罪团伙组织庞大，实施跨国跨境犯罪，隐蔽性强，打击难度大。

电信诈骗针对的受害群体广泛，采用各种方式方法，诈骗针对性强，骗术手段高明，使一些受害者不知不觉迈入犯罪者布下的骗局。

案例分享

短信诈骗 9000 元

2021 年年底，河南的周先生收到一条短信，短信的内容为：“尊敬的用户，您的信用卡已符合我行提额标准，请致电客服 4008899670 完成办理。”周先生拨通客服电话后，工作人员以要求他核实银行卡信息为由，获得了周先生的信用卡卡号和相关信息。之后，周先生的手机上便收到了 9000 元消费通知的短信。

（一）安全建议

（1）时刻保持警惕之心、防范之意。

（2）不要抱着有利可图之心，以免落入犯罪分子精心布置的陷阱。

（3）身份信息、银行卡信息等个人信息不要随便告知他人并应防止泄露。

（4）在接到短信或者电话时，一定要仔细核对真实的信息，不轻信他人的片面之言。

（5）平时多积累知识，多看有关电信诈骗的案例，做到心中有数。

（6）遇到如下“八个凡是”，需要提高警惕。凡是自称公检法要求汇款的；凡是叫本人汇款到“安全账户”的；凡是通知中奖、领取补贴要你先交钱的；凡是通知“家属”出事要先汇款的；凡是在电话中索要个人和银行卡信息及短信验证码的；凡是让本人开通网银接受检查的；凡是自称领导要求打款的；凡是陌生网站要登记银行卡信息的。

（二）应对措施

电信诈骗发生后，要及时报警，并可以通过以下方式冻结对方账号。

（1）如果不知道对方银行账号，可以到银行柜台凭本人身份证和银行卡查询出涉嫌诈骗的银行卡账号，然后在柜台查询或通过拨打 95516 银联中心客服电话的人工服务台查清该诈骗账号的开户银行和开户地点。

（2）通过电话银行冻结。拨打该诈骗账号归属银行的客服电话，输入该诈骗账号，然后重复输错几次密码就能使该诈骗账号冻结，时限为 24 小时。次日零时后再重复上述操作，则可以继续冻结 24 小时，为侦破案件争取时间。该操作仅限嫌疑人的电话银行转账功能。

（3）通过网上银行冻结。登录该诈骗账号归属银行的网站，进入“网上银行”界面输入该诈骗账号，然后重复输错几次密码就能使该诈骗账号冻结止付，时限也为 24 小时。如需继续冻结，可以在次日零时后重复上述操作。该操作仅限制嫌疑人的网上银行转账功能。

（4）通过开户地（市）的归属银行或总行冻结。这一步需要由公安机关来完成。到公安机关报案后，公安机关凭相关法律手续实施冻结止付，时限为 6 个月。

课后拓展

职业病的分类

目前，我国法定的职业病是由国务院卫生行政部门会同国务院劳动保障行政部门规定、调整公布的，共 10 大类，115 种。

（1）尘肺 13 种：如矽肺、煤工尘肺、石棉肺、水泥工尘肺、电焊工尘肺等。

（2）职业性放射性疾病 11 种：如外照射急性、亚急性、慢性放射病，放射性皮肤病。

（3）职业中毒 56 种：如铅、苯、汞、锰、有机磷农药中毒等。

（4）物理因素所致职业病 5 种：如中暑、高原病等。

（5）生物因素所致职业病 3 种：如布氏杆菌病、森林脑炎等。

（6）职业性皮肤病8种：如接触性皮炎、光敏性皮炎、电光性皮炎等。
（7）职业性眼病3种：如职业性白内障、电光性眼炎等。
（8）职业性耳鼻喉口腔疾病3种：如噪声聋、铬鼻病等。
（9）职业性肿瘤8种：如苯所致的白血病、石棉所致的肺癌、间皮瘤等。
（10）其他职业病5种：如职业性哮喘、棉尘病、煤矿井下工人滑囊炎等。

思考与练习

1.现场急救的原则是什么？
2.如何进行CPR？
3.进行骨折急救时，应遵循哪些原则？
4.发现有人中暑，应如何急救？
5.发现有人噎住而无法呼吸时，应怎样施救？
6.应如何预防溺水？
7.遇到敲诈勒索，应该如何处理？
8.在家如何安全使用燃气？
9.如何预防校园踩踏事件？
10.乘车过程中即将发生碰撞时，哪种姿势可以减少一些伤害？
11.十大“垃圾”食品有哪些？
12.实训、实习时，安全注意事项有哪些？
13.如何预防网络诈骗？

参考文献

[1] 王彬，蹇华亭，汪姗姗.中职生安全教育[M].成都:西南交通大学出版社，2018.

[2] 聂文俊.素质教育安全篇:安全伴我行[M].北京:国家行政学院出版社，2019.

[3] 金国砥.中职生安全教育指导读本:案例分析与点评[M].北京:中国铁道出版社，2013.

[4] 张荣，吴宗辉.安全与健康教育[M].重庆:西南师范大学出版社，2012.

[5] 张玲.中职安全教育[M].北京:北京出版社，2014.

[6] 刘世峰，贾书堂.中职生安全教育读本[M].北京:中国人民大学出版社，2015.

[7] 胡德刚，周惠娟，谭世杰.中职生安全教育[M].北京:清华大学出版社，2016.

[8] 王晓全，刘芳英，王新颖等.中职生安全教育读本[M].北京:中国人民大学出版社，2020.